高等院校计算机基础教育应用型系列规划教材

Python 语言程序设计基础

刘晓勇　付　辉　主编

中国铁道出版社有限公司
CHINA RAILWAY PUBLISHING HOUSE CO., LTD.

内 容 简 介

随着数据时代的来临，Python 语言已逐渐成为国内外广泛使用的计算机编程语言之一，学会使用 Python 语言进行程序设计是从事计算机类工作者的一项基本技能。本书共分 10 章，比较全面地介绍了 Python 语言的基本语法及编程技巧，主要内容包括 Python 概述，数据运算，程序控制结构，列表、元组和字典，函数，模块，文件操作，异常处理，面向对象程序设计，常用扩展库等。通过本书的学习，读者基本上可以掌握 Python 语言的主要内容和使用方法，同时也可学到程序设计的方法及初级算法的知识，初步掌握利用计算机编程解决问题的全过程。

本书适合作为高等院校各专业学习 Python 语言的入门教材，也可作为 Python 语言程序开发人员的自学教材或参考用书。

图书在版编目（CIP）数据

Python 语言程序设计基础 / 刘晓勇，付辉主编. —北京：中国铁道出版社有限公司，2019.1（2023.1 重印）
高等院校计算机基础教育应用型系列规划教材
ISBN 978-7-113-25166-6

Ⅰ. ①P… Ⅱ. ①刘… ②付… Ⅲ. ①软件工具-程序设计-高等学校-教材 Ⅳ. ①TP311.561

中国版本图书馆 CIP 数据核字（2018）第 271804 号

书　　名：Python 语言程序设计基础
作　　者：刘晓勇　付　辉

策　　划：周海燕　韩从付　　　　　　　　　编辑部电话：（010）63549501
责任编辑：周海燕　彭立辉
封面设计：刘　颖
责任校对：张玉华
责任印制：樊启鹏

出版发行：中国铁道出版社有限公司（100054，北京市西城区右安门西街 8 号）
网　　址：http://www.tdpress.com/51eds/
印　　刷：北京铭成印刷有限公司
版　　次：2019 年 1 月第 1 版　　2023 年 1 月第 4 次印刷
开　　本：787mm×1092mm 1/16　印张：10　字数：199 千
书　　号：ISBN 978-7-113-25166-6
定　　价：32.00 元

前言 PREFACE

    Life is short, you need Python! 这是关于 Python 的一句经典的、富有情怀的话，很多 Python 开发者都是从这句话开始学习、掌握并爱上这门语言的。Python 语法简单，入门非常容易，如果是从零开始学习编程，Python 是一种不错的选择。Python 也被称为是一种"胶水语言"，可以方便地调用其他语言编写的功能模块，并将它们有机地结合在一起形成更高效的新程序。Python 简洁的语法和对动态输入的支持，再加上解释性语言的特性，使得它在许多领域都是一种理想的脚本语言，特别适用于快速应用程序开发。当前，Python 已被广泛应用于众多领域，如：科学计算、数据分析、Web 开发、系统运维、机器学习、人工智能等。正是其开源、简单、易用的特点，近年来吸引了越来越多的开发者使用这门语言。

    本书在编写过程中，充分考虑到读者的认知规律，采用通俗易懂的语言，同时考虑培养读者的计算思维能力，辅以较多的案例，启发读者的思维。

    全书共分 10 章，其中，第 1 章介绍了 Python 的发展历史及其广泛的应用领域，分析了 Python 自身的优点和不足之处，最后以当前较新的版本为例，介绍了 Python 的安装以及相关开发工具的安装和使用。第 2 章主要介绍了 Python 中的变量、常量及命名规则，几种基本的数据类型，以及 7 种不同操作符和相应的表达式运算。第 3 章介绍了 Python 语言的 3 种常见的程序控制结构，即顺序结构、选择结构和循环结构。第 4 章介绍了 Python 中的列表、元组、字典和集合等几种特殊数据类型，以及相应的基本操作。第 5 章介绍了函数的基本概念、Python 语言中函数的定义和调用过程，以及常用的内置函数。第 6 章介绍了模块的概念以及导入、发布和安装过程。第 7 章介绍了文件的相关操作，包括文件的定义、打开、关闭以及读/写等操作。第 8 章介绍了异常的类型及相关处理方法，包括异常的捕获和处理方法、Python 提供的异常类型，以及通过不同的异常类型来改进程序设计的方法。第 9 章介绍了 Python 面向对象程序设计相关知识，包括类的声明方式以及封装、继承、多态等方面的知识。第 10 章介绍了常用扩展库，如 NumPy、Scipy、Pandas、Matpcotlib、Scikitcearn 等。

    本书适合作为高等院校各专业学习 Python 语言的入门教材，也可作为 Python 语言程序开发人员的自学教材或参考用书。

    本书由刘晓勇、付辉主编，其中第 1 章、第 6～10 章、附录由刘晓勇编写，第 2～5 章由付辉编写。本书在编写过程中，得到广东技术师范学院教务处及计算机科学学院相关领导的大力支持和鼓励；在出版过程中，中国铁道出版社的编辑付出了艰辛的努力，并给予了无私的帮助，在此一并表示感谢。

由于时间仓促，加之编者能力和学识有限，在编写过程中虽然已经尽了最大努力，但仍难免存在疏漏与不妥之处，恳请读者批评指正。

编 者

2018 年 10 月于广州

目 录

第 1 章　Python 概述

Python 是一种简单但功能强大的面向对象编程语言，像 Perl 语言一样，Python 源代码遵循 GPL（GNU General Public License，GNU 公共许可证）协议。Python 语言以其优雅、简明的语法特点，使编程初学者从语法细节中摆脱出来，只需专注于要解决的问题，分析程序本身的逻辑和算法。Python 拥有大量的第三方模块，使其可以拓展到很多领域。

本章主要介绍 Python 语言的发展历史、应用领域、特点以及开发环境搭建。

1.1　Python 简史

Python 由荷兰的 Guido van Rossum 发明。Guido 在荷兰数学和计算机研究所（CWI）工作时，

曾参加设计过一种专门为非专业程序员（如：数学家、物理学家等）设计的语言——ABC。ABC 语言以教学为目的，其主要设计理念是希望让编程语言变得容易阅读、使用、记忆和学习，并以此来激发人们学习编程的兴趣。就 Guido 本人看来，ABC 这种语言非常优美和强大，但是 ABC 语言并没有成功，究其原因，Guido 认为是其非开放性造成的。因此，他想开发一种新的开源的程序设计语言。1989 年圣诞节期间，Guido 决定在继承 ABC 的基础上开发一个新的基于互联网社区的脚本解释语言，并以其所钟爱的喜剧团体 Monty Python 将其命名为 Python。1991 年，Python 发布了第一个公开发行版。

Python 的设计理念是优美、简单、易学、易用，再加上 Python 是开源的，因此越来越多的人加入到 Python 的开发和使用当中，其功能也越来越完善。Python 不但可以用于 Web 页面的开发、网络爬虫，还逐渐成为从事数据分析、机器学习和人工智能方面的研究人员和工程技术人员的重要工具。

Python 自诞生以来不断完善和发展，应用越来越广泛。截至 2018 年 3 月，Python 在 TIOBE 编程语言排行榜上，已经上升到第四名（见表 1-1），稳居前五，由此可以看出 Python 的受欢迎程度。

表 1-1　TIOBE 编程语言排行榜（TOP20）

2018 年 3 月	2017 年 3 月	名次变化	程序语言	应用百分数	变化
1	1		Java	14.941%	−1.44%
2	2		C	12.760%	+5.02%
3	3		C++	6.452%	+1.27%
4	5	︿	Python	5.869%	+1.95%
5	4	﹀	C#	5.067%	+0.66%
6	6		Visual Basic .NET	4.085%	+0.91%
7	7		PHP	4.010%	+1.00%
8	8		JavaScript	3.916%	+1.25%
9	12	︿	Ruby	2.744%	+0.49%
10	–	⟪	SQL	2.686%	+2.69%
11	11		Perl	2.233%	−0.03%
12	10	﹀	Swift	2.143%	−0.13%
13	9	⟱	Delphi/Object Pascal	1.792%	−0.75%
14	16	︿	Objective−C	1.774%	−0.22%
15	15		Visual Basic	1.741%	−0.27%
16	13	﹀	Assembly language	1.707%	−0.53%
17	17		Go	1.444%	−0.54%
18	18		MATLAB	1.408%	−0.45%
19	19		PL/SQL	1.327%	−0.34%
20	14	⟱	R	1.128%	−0.89%

1.2　Python 的应用领域

Python 简洁的语法和对动态输入的支持，再加上其解释性语言的本质，使得它在大多数平台上都是一个理想的脚本语言，特别适用于快速应用程序开发。当前，Python 已被广泛应用于众多领域，例如：

（1）科学运算：Python 提供了一些支持科学计算和数值分析的模块，如 NumPy、SciPy、Matplotlib、Pandas 等。

（2）数据分析：2016 年 2 月 11 日，美国科学家宣布发现引力波，分析引力波数据用到了

Python 包 GWPY。

（3）机器学习：Python 在机器学习方面一个非常强大的模块是 scikit-learn，它是在 NumPy、SciPy 和 matplotlib 三个模块上编写的，是数据挖掘和数据分析的一个简单而有效的工具。

（4）云计算：典型应用——Python 开发的 OpenStack。

（5）Web 开发：可用于开发众多优秀的 Web 框架，如 Django、Flask、Tornado 等。

（6）系统运维：开发运维人员必备的工具，如 slatstack（系统自动化配置和管理工具）、Ansible（自动化运维工具）。

（7）图形开发：可用于开发 wxPython、PyQT、TKinter。

Python 在商业、艺术、科学等很多领域都有成功案例。同时，越来越多的公司甚至政府部门将 Python 作为其主要开发语言。例如：

（1）NASA（美国宇航局）：从 1994 年起把 Python 作为主要开发语言。

（2）Dropbox（美国最大的在线云存储网站）：全部用 Python 实现，每天网站处理 10 亿个文件的上传和下载。

（3）豆瓣网：图书、唱片、电影等文化产品的资料数据库网站。

（4）BitTorrent：BT 下载软件客户端。

（5）gedit：Linux 平台的文本编辑器。

（6）GIMP：Linux 平台的图像处理软件（Linux 下的 Photoshop）。

（7）知乎：社交问答网站，国内最大的问答社区，通过 Python 开发。

（8）Autodesk Maya：3D 建模软件，支持 Python 作为脚本语言。

（9）YouTube：世界上最大的视频网站 YouTube 就是用 Python 开发的。

（10）Facebook：大量的基础库均通过 Python 实现。

（11）Redhat：世界上最流行的 Linux 发行版本中的 yum 包管理工具使用 Python 开发。

此外，搜狐、金山、腾讯、盛大、网易、百度、阿里、淘宝、土豆、新浪、果壳等公司都在使用 Python 完成各种各样的任务。

1.3　Python 的特点

Python 入门容易，可从零开始学习编程。其代码可读性强，默认情况下，每一级缩进都是 4 个空格。Python 语言编写的程序不需要编译成二进制代码，可以直接从源代码运行程序。在计算机内部，Python 解释器把源代码转换成字节码的中间形式，然后再把它翻译成计算机使用的机器语言并运行。Python 也被称为是一种"胶水语言"，可以方便地调用用其他语言编写的功能模块，并将它们有机地结合在一起形成更高效的新程序。

具体来说，Python 具有以下优点：

（1）开源：因为 Python 遵循开源协议，所以开发人员可自由地发布 Python 文件的副本、阅读它的源代码、对它进行改动、把它的一部分用到新的自由软件中。

（2）易学易用：Python 的定位是"优雅""简单""明确"，所以 Python 程序看上去总是简单易懂。初学者学 Python，不但入门容易，而且上手快，可以轻易编写复杂的程序。

（3）开发效率高：Python 具有非常强大的第三方库，基本上可通过计算机实现任何功能。Python 官方库中有相应的模块进行支持，直接下载调用后，可在基础库的基础上再进行开发，从而大大降低开发周期，有效提高开发效率。

（4）易移植性：由于 Python 的开源本质，Python 能够工作在不同操作系统上。如果能够避免使用依赖于操作系统的某些特性，那么几乎所有的 Python 程序无须修改就可以在不同的操作系统上运行。

当然，同其他语言一样，Python 也有一些自身的缺点，其主要的缺点就是运行速度不够快，程序运行的效率不如 Java 或者 C 语言高。但这里所指的速度慢在大多数时候用户是无法感知的，例如，使用 C 语言程序开发一个程序，执行时间需要 0.01 s；使用 Python 实现同样功能的程序，需要花费 0.1 s 的时间，虽然相差 10 倍，但用户是感觉不到的。

1.4　Python 安装及开发环境构建

1.4.1　Python 3.6.5 下载与安装

Python 的下载地址是 https://www.python.org/downloads/，该页面如图 1-1 所示。这里有两个版本的 Python 可供下载，一个版本是 V3.6.5，另一个是 V2.7.14，用户可以根据需要进行下载. 需要注意的是 V2.7.14 版本的 Python 将在 2020 年后不再更新，因此建议用户下载 V3.6.5 版本的 Python。本书以 Python 3.6.5 为版本进行讲解。

图 1-1　Python 下载页面

这里提供 32 位和 64 位的 Python，用户可以根据计算机操作系统的位数选择不同 Python 安装文件，下载之后就可以双击该文件进入安装界面，如图 1-2 所示。在该页面下，可以选择默认安装 Install Now，也可以选择自定义安装 Customize installation，自定义安装更加灵活一些，用户可以根据需要设置安装参数。同时，用户可以选中 Add Python3.6 to PATH 复选框，将 Python 自动加入到系统的环境变量中，从而避免安装后再自己设置 Python 的环境变量。

图 1-2　Python 安装界面

如果选择 Customize installation，将进入 Optional Features（可选组件）安装界面（见图 1-3），用户可以自行选择需要安装的组件，然后单击 Next 按钮进入 Advanced Options（高级选项）设置界面（见图 1-4），用户可以设置 Python 在本机的安装路径。在选择完需要的组件并设置安装路径后，单击 Install 按钮就可以执行 Python 的安装过程，如图 1-5 所示。当出现如图 1-6 所示的界面时，即表示 Python 已经完成在本机的安装过程。

在 cmd 窗口下输入 python　-V 命令，显示 Python 3.6.5，这表明系统中已经成功安装了 Python 环境，如图 1-7 所示。

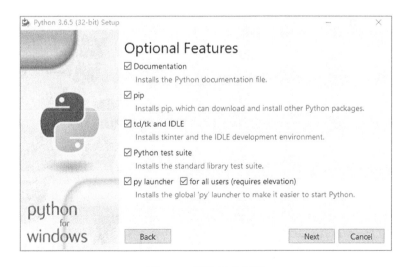

图 1-3　可选组件界面

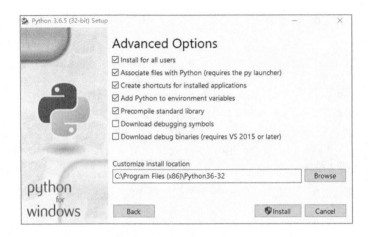

图 1-4　高级选项界面

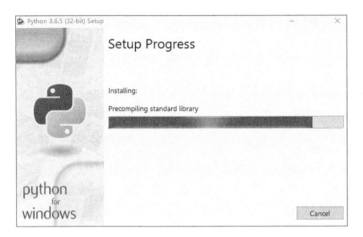

图 1-5　Python 安装进程界面

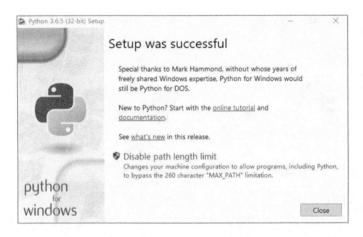

图 1-6　Python 安装成功界面

图 1-7　cmd 界面

安装完 Python 后，通过选择 IDLE，可以输入 shell 命令（见图 1-8），用户可以输入第一条 Python 命令：print ('Hello World!')，将会输出 Hello World！（见图 1-9）。

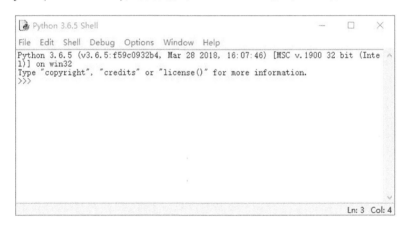

图 1-8　Python 的 Shell 界面

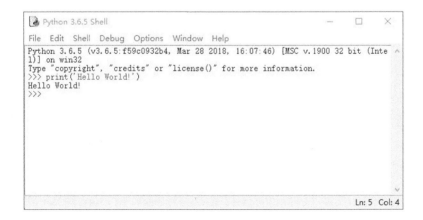

图 1-9　Python 的 Hello World

1.4.2　Anaconda 下载与安装

Python 易用，但用好却不容易，例如，包管理和 Python 不同版本的问题。有时为了安装不同版本的 Python，需要下载不同的版本。因为 Python2.x 版本与 3.x 版本有些语法不兼容，因此当需要特定版本的 Python 时需要进行环境选择。

为了解决这些问题，有不少发行版的 Python（如 Anaconda 等）。其将许多常用的 package 打包，从而方便用户直接使用。Anaconda 一般集成了很多常用的 package，用户不需要再重复下载、安装、配置环境变量等烦琐的操作就可以直接使用。

Anaconda 主要是一个用于科学计算的 Python 发行版，支持 Linux、Mac、Windows 等多种系统，提供了包管理与环境管理的功能，可以很方便地解决多版本 Python 并存、切换，以及各种第三方包安装问题。Anaconda 利用工具/命令 conda 来进行 package 和 environment 的管理，并且已经包含了 Python 和相关的配套工具。

这里先解释一下 conda、anaconda 这些概念的差别。conda 可以理解为一个工具，也是一个可执行命令，其核心功能是包管理与环境管理。包管理与 pip 的使用类似，环境管理则允许用户方便地安装不同版本的 Python 并可以快速切换。Anaconda 则是一个打包的集合，里面预装好了 conda、某个版本的 Python、众多 package、科学计算工具等，所以也称为 Python 的一种发行版。其实还有 Miniconda，顾名思义，它只包含最基本的内容——Python 与 conda，以及相关的必须依赖项，对于空间要求严格的用户，Miniconda 是一种选择。

conda 几乎将所有的工具、第三方包都当作 package 对待，甚至包括 Python 和 conda 自身，因此，conda 打破了包管理与环境管理的约束，能非常方便地安装各种版本 Python、各种 package 并方便地切换。

Anaconda 具有跨平台、包管理、环境管理的特点，因此很适合快速在新的机器上部署 Python 环境。为了下载 Anaconda，用户需要首先登录到 https://www.anaconda.com/download/，如图 1-10 所示。

图 1-10　Anaconda 下载界面

2018 年 2 月发布的 V5.1 是 Anaconda 的较新版本, 集成的 Python 版本有两个: V3.6 和 V2.7, 因为 Python 2.7 将于 2020 年不再支持, 因此推荐下载集成 Python 3.6 版本的 Anaconda, 默认的操作系统是 Windows。根据安装计算机的位数可以选择 64 位或者 32 位安装文件。单击 Anaconda 安装文件, 在安装界面(见图 1-11)下直接单击 Next 按钮进入到 Anaconda 的安装协议界面(见图 1-12), 在同意安装协议后将进入到选择安装类型界面(见图 1-13), 可以选择只能登录用户使用或者本机的所有用户使用两种类型。单击 Next 按钮进入选择安装路径界面(见图 1-14), 用户可以自行选择 Anaconda 在本机的安装路径。在高级安装选项界面(见图 1-15)下, 用户可以选择自动设置 Anaconda 的环境变量和将 Anaconda 提供的 Python 版本作为默认的 Python 环境, 然后单击 Install 按钮开始执行 Anaconda 的安装(见图 1-16 和图 1-17), 图 1-18 所示为 Anaconda 在本机已经成功完成安装。在本机 Anaconda 的安装路径下选择 Anaconda Navigator 将会展示已安装的 Anaconda 组件, 如图 1-19 所示。

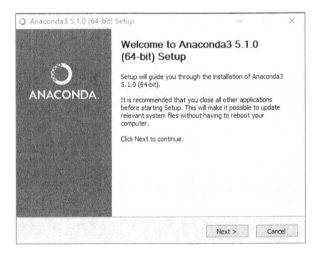

图 1-11　Anaconda 安装界面

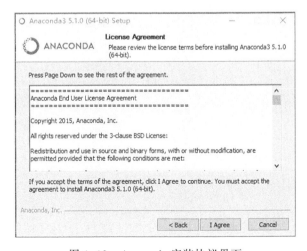

图 1-12　Anaconda 安装协议界面

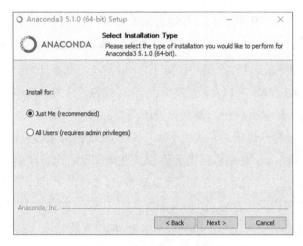

图 1-13　选择安装类型界面

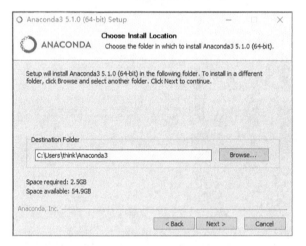

图 1-14　选择安装路径界面

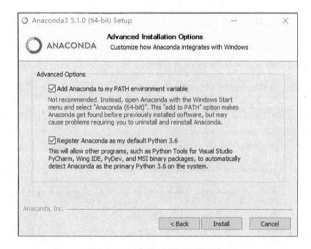

图 1-15　高级安装选项界面

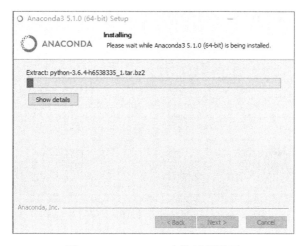

图 1-16　Anaconda 安装过程界面

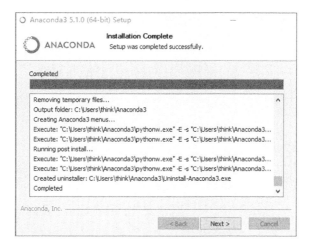

图 1-17　Anaconda 安装成功界面

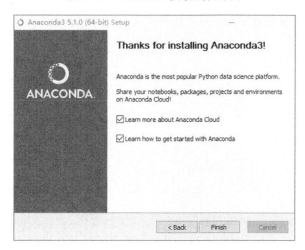

图 1-18　Anaconda 安装完成界面

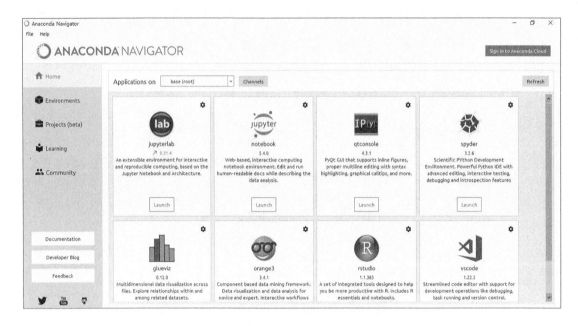

图 1-19　Anacnonda 导航

1.4.3　开发工具 Spyder

Spyder 是一个免费的 Python 集成开发环境，跟 Matlab 的开发环境非常类似。该工具包含在 Anaconda 中，当安装 Anaconda 时，将会自动安装，具有编辑、测试、调试等综合功能，其进入界面如图 1-20 所示。图 1-21 所示为 Spyder 的工作界面。

图 1-20　Spyder 进入界面

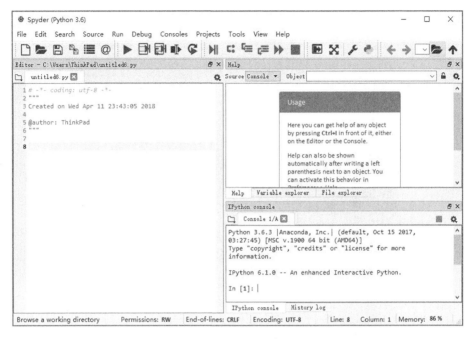

图 1-21 Spyder 工作界面

1.4.4 开发工具 PyCharm

PyCharm 是由 JetBrains 开发的一款 Python IDE，具备调试、语法高亮、项目管理、代码跳转、智能提示、自动完成、单元测试、版本控制等功能。

另外，PyCharm 还提供了一些很好的功能用于 Django 开发，同时支持 Google App Engine 和 IronPython。

PyCharm 官方下载地址：http://www.jetbrains.com/pycharm/download/。

在如图 1-22 的 PyCharm 下载界面中，显示 PyCharm 有两个版本：一个是专业版（ Professional，需要收取一定费用）；一个是社区版（ Commanity，可以免费使用）。社区版已经可以满足基本的开发要求，因此，用户选择 Community 版本下载即可。

图 1-22 PyCharm 的下载界面

双击 Community 版本 PyCharm 安装文件，在安装界面（见图 1-23）下直接单击 Next 按钮进入 PyCharm 的安装路径选择界面（见图 1-24），用户可以自行选择 PyCharm 在本机的安装路径。在安装选项界面图 1-25 下选择 ".py" 等选项后，单击 Next 按钮选择或者重命名 PyCharm 启动文件夹名称（见图 1-26），然后单击 Install 按钮开始执行 PyCharm 的安装过程，如图 1-27 所示。图 1-28 所示为 PyCharm 在本机已经安装成功界面。

图 1-23　PyCharm 安装界面

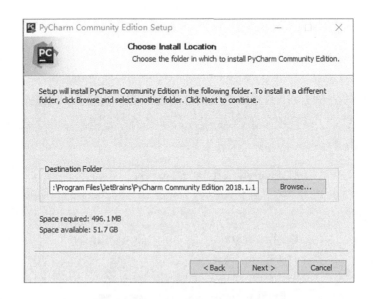

图 1-24　PyCharm 安装路径选择界面

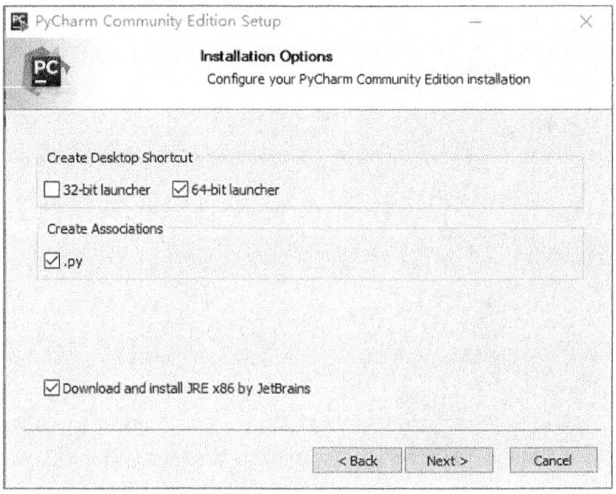

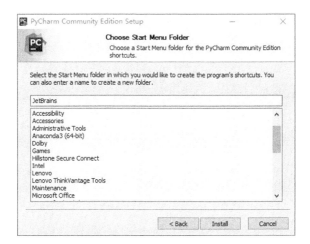

图 1-25　安装选项界面

图 1-26　启动文件夹选择界面

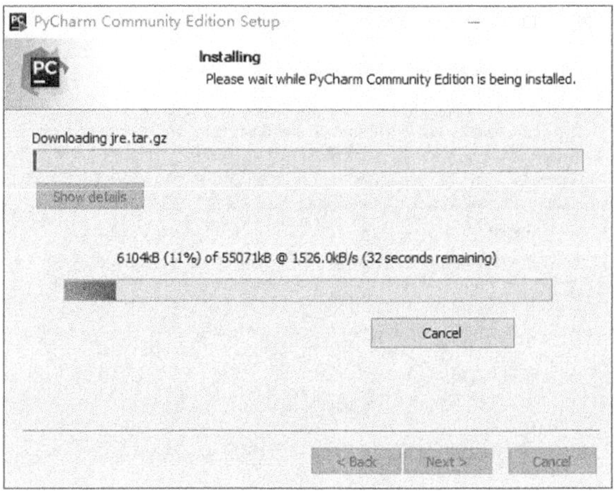

图 1-27　PyCharm 的安装界面

图 1-28　PyCharm 安装成功界面

当第一次启动 PyCharm 时，将出现 PyCharm 项目设置界面（见图 1-29）。在如图 1-30 用户协议界面中单击 Accept 后，将正式进入 PyCharm 的工作环境界面，如图 1-31 所示。

图 1-29　PyCharm 项目设置界面

图 1-30　PyCharm 用户协议界面

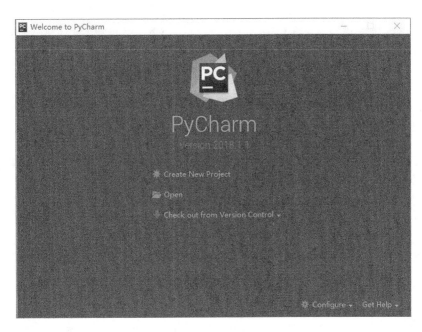

图 1-31　PyCharm 工作环境界面

在 PyCharm 工作环境界面下，用户可以创建一个新的项目（Create New Project），也可以打开（Open）一个已经存在的项目。选择之后将进入到 PyCharm 的工作界面，如图 1-32 所示。

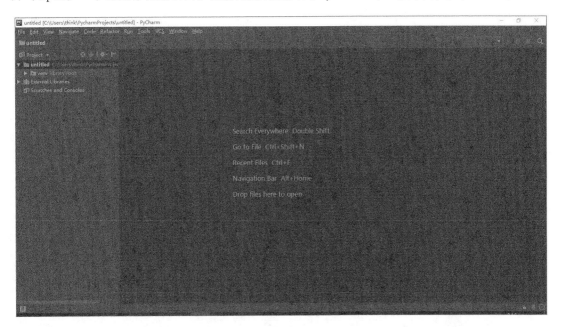

图 1-32　PyCharm 的工作界面

在 PyCharm 工作界面中选中一个项目，右击，选择 New→Python File 命令可以创建一个

Python 文件，如图 1-33 所示。在图 1-34 中可以给该 Python 文件命名，之后将可以在工作界面中编写 Python 程序，如图 1-35 所示。

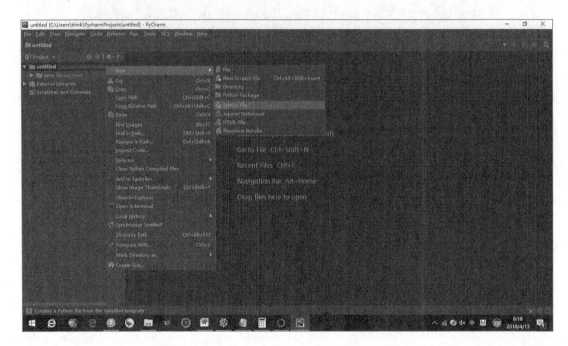

图 1-33　创建 Python 文件

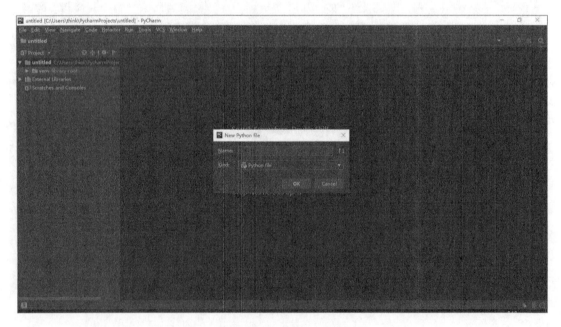

图 1-34　命名 Python 文件

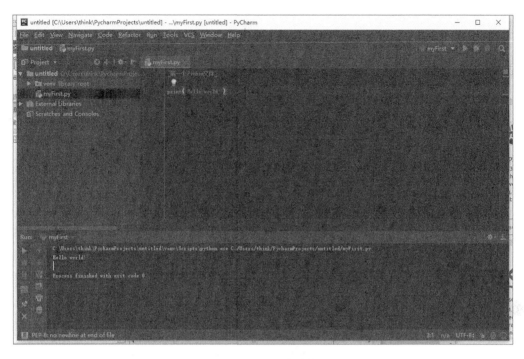

图 1-35　Python 程序编辑界面

小　结

本章主要介绍了 Python 的发展历史和其广泛的应用领域，分析了 Python 自身的优点和不足之处，最后以当前较新的版本为例，介绍了 Python 的安装以及相关开发工具的安装和使用。

习　题

一、简答题

简述 Python 的特点。

二、上机操作题

1. 安装 Python 3.x 版本，熟悉 Python 交互式开发环境。

2. 下载并安装 Anaconda 和 PyCharm，熟悉 Python 开发环境。

3. 编写第一个 Python 程序，输出 "Hello World!"。

第2章 数据运算

数据运算部分是高级程序设计语言的基础内容，本章将主要介绍 Python 语言中的常量、变量、基本数据类型、操作符和表达式等。

2.1 变量与常量

2.1.1 标识符

标识符是指常量、变量、语句标号以及用户自定义函数的名称。Python 3.x 中用户在自定义标识符时，需要注意以下几点：

（1）第一个字符必须是字母或下画线。

（2）标识符的其他部分由字母、数字（0~9）和下画线组成。

（3）标识符对大小写敏感，即 Abc 和 abc 是两个不同的标识符。

（4）允许非 ASCII 标识符。

（5）Python 中已经被使用的关键字不能用于命名标识符。

2.1.2 关键字

同其他编程语言一样，Python 的标准库中也有一些预定义的关键字，这些关键字不能再被用户重新定义，称为保留字。具体如下：

False	None	True	and	as	assert	break
class	continue	def	del	elif	else	except
finally	for	from	global	if	import	in
is	lambda	nonlocal	not	or	pass	raise
return	try	while	with	yield		

Python 3.x 中可以用以下命令查看 Python 标准库中的 33 个关键字：

```
>>> import keyword
>>> keyword.kwlist
```

如果要查看某个关键字的使用说明和具体用法，可以调用 help()函数进行查看：

```
help()
```

```
help>while

The "while" statement
**********************
The "while" statement is used for repeated execution as long as an
expression is true:
    while_stmt ::= "while" expression ":" suite
                   ["else" ":" suite]
This repeatedly tests the expression and, if it is true, executes the
first suite; if the expression is false (which may be the first time
it is tested) the suite of the "else" clause, if present, is executed
and the loop terminates.
A "break" statement executed in the first suite terminates the loop
without executing the "else" clause's suite. A "continue" statement
executed in the first suite skips the rest of the suite and goes back
to testing the expression.
Related help topics: break, continue, if, TRUTHVALUE
```
如果要退出 help()函数，可以直接用 quit 命令：
```
help>quit
```

2.1.3 转义字符

在进行字符串输出时，经常要用到字符串转义，Python 经常用反斜杠（\）表示转义字符，其提供的几种转义字符如表 2-1 所示。

表 2-1 Python 转义字符

转 义 字 符	描 述
\（在行尾时）	续行符
\\	反斜杠符号
\'	单引号
\"	双引号
\a	响铃
\b	退格（Backspace）
\e	转义
\000	空
\n	换行

续表

转 义 字 符	描 述
\v	纵向制表符
\t	横向制表符，相当于【Tab】键
\r	回车
\f	换页
\oyy	八进制数，yy 代表的字符，例如：\o12 代表换行
\xyy	十六进制数，yy 代表的字符，例如：\x0a 代表换行
\other	其他的字符以普通格式输出

注：转义字符 "\" 不计入字符串的内容。

例如：

```
print('The author of Python is \"Guido\".\n')
print('Today is 2018\\06\\01.')
```

输出：

```
The author of Python is"Guido".
Today is 2018\06\01.
```

有时我们并不想让转义字符生效，只想显示字符串原来的意思，即输出原始字符串，这就要用 r 或者 R 来定义原始字符串，不发生转义。例如：

```
print (r'\hello\r')
```

实际输出为 "hello\r"，字母 r 将不会输出。

```
print(R"this is a line with \n" )
```

这里的\n 将作为字符直接显示出来，并不表示换行。

2.1.4 常量

常量是指程序执行时在计算机内存中用于保存固定值。在程序执行过程中，常量的值不能发生改变。Python 中并没有专门定义常量的方式，通常使用大写变量名表示。

Python 中的常量主要包括数值、字符串、布尔值、空值。一般来说，数值型常量包括了整数、浮点数、复数等。字符串是一个由字符组成的序列，字符串常量可以使用单引号(')或双引号(")。布尔值一般用来判断条件是否成立。Python 包含两个布尔值：True（逻辑真）和 False（逻辑假）。因为 Python 是区分大小写的，因此在 Python 中 true 和 TRUE 不能等同于 True，flase 和 FALSE 也不能等同于 False。Python 中还有一个特殊的空值常量 None。None 表示什么都没有，它与 0 和空字符串（""）是不同的概念，None 与任何其他的数据类型比较永远返回 False。

关于常量的定义，可以参考如下的示例代码：

```
E = 2.71828
PIE = 3.1415926
print("数值型常量 e 的值是: ",E)
print("数值型常量 PIE 的值是: ",PIE)
MyFirstString = 'Hello 字符串!'
print("字符串型常量的值是: "+ MyFirstString)
```

2.1.5　变量

变量是计算机内存中命名的某个存储位置，也就是说，当创建一个变量时，可以在内存中分配相应的存储空间。基于变量的数据类型，解释器自行分配内存并决定可以存储在保留的存储器中的内容。因此，通过为变量分配不同的数据类型，可以在这些变量中存储的数据类型有整数、小数或字符等。与常量不同的是，变量的值可以随程序的执行而动态变化。Python 的变量不需要声明，可以直接使用赋值运算符对其进行赋值操作，根据所赋的值来决定其数据类型。在 Python 中对变量进行赋值且赋值为字符串时，使用单引号和双引号的效果是完全一样的。用户也可以使用函数 id()查看变量的地址，使用函数 type() 查看变量对应的数据类型，使用 del命令删除某个变量。示例代码如下：

```
v1="定义一个变量"
print("第一个变量的值是: "+v1)
print("第一个变量的地址是: %d"%(id(v1)))
print("第一个变量的数据类型是: %s"%(type(v1)))
v2=v1
print("第二个变量的值是: "+v2)
print("第二个变量的地址是: %d"%(id(v2)))
print("第二个变量的数据类型是: %s"%(type(v2)))
v3=v2+v1
print("第三个变量的值是: "+v3)
print("第三个变量的地址是: %d"%(id(v3)))
print("第三个变量的数据类型是: %s"%(type(v3)))
del v3
v3
```

输出结果如下：

```
第一个变量的值是: 定义一个变量
第一个变量的地址是: 1455094259472
第一个变量的数据类型是: <class 'str'>
```

第二个变量的值是: 定义一个变量

第二个变量的地址是: 1455094259472

第二个变量的数据类型是: <class 'str'>

第三个变量的值是: 定义一个变量定义一个变量

第三个变量的地址是: 1455094347752

第三个变量的数据类型是: <class 'str'>

NameError: name 'v3' is not defined

当用 del 命令删除某个对象的引用后，会报异常 NameError，说明该对象没有定义，内存中不存在这个对象。

另外，Python 也允许同时为多个变量分配单个值，这种方法称为多重赋值。例如：

a=b=c=2018

这里，将创建一个整数对象，其值为 2018，并且所有 3 个变量 a、b、c 都分配给相同的内存位置。

此外，还可以将多个对象分配给多个变量。例如：

a,b,c=10,20,"PYTHON"

这里，将两个值为 10 和 20 的整数对象分别分配给变量 a 和 b，并将一个值为"PYTHON"的字符串对象分配给变量 c。

2.2　基本数据类型

每个变量都有自己的类型，可以处理不同类型的值，称为数据类型。Python 的数据类型主要包括数值型、布尔型、字符型、复数类型和空值等几种不同的类型，同时 Python 还有一些特有的数据类型，如列表、元组、集合和字典等。

2.2.1　数值型

数值型数据是用一组数字来表示，包括整型（int）和浮点型（float）。Python 3.x 中整型统一使用 int，取消了 Python 2.x 中专门用于表示长整型的 long。浮点型（float）数据主要由整数部分与小数部分组成。例如：

```
>>> x=2018
>>> type(x)
<type 'int'>
>>> y=2019.0
>>> type(y)
<type 'float'>
```

常用的数值型数据的运算函数如表 2-2 所示。

表 2-2　数值型数据的常用运算函数

函　　数	描　　述
abs(x)	返回数字的绝对值
fabs(x)	返回数字的绝对值,并转化为 float 类型
cmp(x,y)	如果 x < y 返回−1, 如果 x == y 返回 0, 如果 x > y 返回 1
max(a,b,c...)	返回给定参数的最大值,参数可以为序列
min(a,b,c...)	返回给定参数的最小值,参数可以为序列
pow(x,y)	x**y 运算后的值
sqrt(x)	返回数字 x 的平方根
round(x,[n])	返回浮点数 x 的四舍五入值,如给出 n 值,则代表舍入到小数点后的位数

值得注意的是整型和浮点型进行运算时（如+、−、*、/等数值运算），返回的结果类型都为浮点型。

2.2.2　布尔型

布尔型数据（bool）通常用来判断条件是否成立。Python 包含两个布尔值：True（逻辑真）和 False（逻辑假）。布尔值区分大小写，也就是说 true 和 TRUE 不能等同于 True。例如：

```
>>>x,y=True,False
>>> type(x)
bool
>>> type(y)
bool
```

2.2.3　字符串

字符串（string）是所有编程语言中都具有的一种数据类型。字符串是一个由一系列字符组成的序列，字符串常量使用单引号（'）或双引号（"）括起来。Python 中单引号和双引号的使用完全相同。使用三引号('''或""")可以指定一个多行字符串。Python 没有单独的字符类型，一个字符就是长度为 1 的字符串。例如：

```
>>>a1='abc'
>>>a2="abc"
>>>a3='''ab
c'''
```

上述代码所表达的内容是相同的，区别在于使用单引号和双引号所引起来的内容不能直接换行，而使用三引号就可以。按字面意义级联字符串，如"this " "is " "string"会被自动转换为 this is string。字符串可以用"+"运算符连接在一起，用"*"运算符重复。

Python 中的字符串有两种索引方式，如果从左往右则以 0 开始，按照 0,1,2...依次递增；如果从右往左则以–1 开始，按照–1，–2，–3...依次递减。

字符串的截取语法格式如下：

变量[头下标:尾下标]

Python 支持格式化字符串的输出。尽管这样可能会用到非常复杂的表达式，但最基本的用法是将一个值插入到一个有字符串格式符%s 的字符串中。

在 Python 中，字符串格式化使用与 C 中 sprintf()函数一样的语法。例如：

```
>>>print "My name is %s and my weight is %d kg!" % ('Aaron', 20)
```

以上实例的输出结果：

```
My name is Aaron and my weight is 20 kg!
```

Python 字符串格式化符号表如表 2-3 所示。

表 2-3　字符串格式化表

符　　号	描　　　　述
%c	格式化字符及其 ASCII 码
%s	格式化字符串
%d	格式化整数
%u	格式化无符号整型
%o	格式化无符号八进制数
%x	格式化无符号十六进制数
%X	格式化无符号十六进制数（大写）
%f	格式化浮点数字，可指定小数点后的精度
%e	用科学计数法格式化浮点数
%E	作用同%e，用科学计数法格式化浮点数
%g	根据值的大小决定使用%f 或%e
%G	作用同%g，根据值的大小决定使用%f 活%e
%p	用十六进制数格式化变量的地址

字符串的运算符操作如表 2-4 所示。假设变量 a 的值为字符串"Hello"，变量 b 的值为"Python"。

表 2-4　字符串运算符示例

字符串运算符	具 体 描 述	示　　　　例
+	字符串连接/合并	a + b 输出结果：　HelloPython
*	重复输出字符串	*2 输出结果：HelloHello
[]	获取字符串中制定索引位置的字符，索引从 0 开始	a[1] 输出结果 e
[start:end]	切片操作：截取字符串中的一部分，从索引位置 start 开始到 end 结束，不包括 end 位置的字符	（1）a[1:4] 输出结果 ell （2）s[i:j]上边界并不包含在内； （3）分片的边界默认为 0 和序列的长度，如果没有给出； （4）s[1:3]获取从偏移为 1 开始，直到但不包含偏移为 3 的元素； （5）s[1:]获取了从偏移为 1 直到末尾之间的元素； （6）s[:3]获取从偏移为 0 直到但不包含偏移为 3 的元素； （7）s[:-1]获取从偏移为 0 直到但不包含最后一个元素之间的元素； （8）s[:]获取从偏移为 0 直到末尾之间的所有元素
[start:end:step]	切片操作：截取字符串中的一部分，以步长 step 从索引位置 start 开始到 end 结束，不包括 end 位置的字符。 step 默认为 1，表示切片中从左至右提取每个元素；step 为负数表示将会从右至左进行而不是从左至右	c = a+b >>>c[1:8:2] elPt
in	成员运算符，如果字符串中包含给定的字符则返回 True	H in a 输出结果　True
not in	成员运算符，如果字符串中不包含给定的字符返回 True	M not in a 输出结果　True
r 或者 R	指定原始字符串，原始字符串是指所有的字符串都是直接按照字面的意思来使用，没有转义字符、特殊字符或不能打印的字符。原始字符串的第一个引号前加字母 r 或 R	print r'\n' prints \n 和 print R'\n'prints \n

Python 中字符串中的字符是通过索引提取的，索引从 0 开始，但不同于 C 语言的是可以取负值，表示从末尾提取，最后一个是-1，前一个是-2，依次类推，认为是从结束处反向计数。例如：

```
>>> s='spam'
>>> s[0]
```

```
's'
>>> s[1]
'p'
>>> s[-1]
'm'
>>> s[-2]
'a'
```

如果用户从文件或用户界面得到一个作为字符串的数字，怎样把这个字符串变为数字型呢？这就用到类型的转换函数。例如，函数 str()可以将一个对象转换为字符串，函数 int()可以将一个对象转换为整型数，函数 float()可以将字符串转换成浮点型数。例如：

```
>>> s='42'
>>> type(s)
<type 'str'>
>>> i=int(s)
>>> type(i)
<type 'int'>
>>> s1=str(i)
>>> type(s1)
<type 'str'>
>>> s='15'
>>> s+1
Traceback (most recent call last):
  File "<interactive input>", line 1, in <module>
TypeError: cannot concatenate 'str' and 'int' objects
>>> int(s)+1
16
>>> s='15.0'
>>> float(s)
15.0
```

另外，函数 eval()可以用于运行一个包含 Python 表达式代码的字符串。例如：

```
>>> eval('12')
12
>>> eval('12 + 3')
15
```

2.2.4　复数类型

复数是由 x + yj 表示的有序对的实数浮点数组成，其中 x 和 y 是实数，j 是虚数单位。虚数

单位是二次方程式 $x^2+1=0$ 的一个解。Python 可以直接定义复数，也可以用 complex() 生成。通常使用.real 和.imag 分别来访问复数的实部和虚部，使用 conjugate() 函数来生成相应的共轭复数。例如：

```
>>>z=1+2j
>>>z
(1+2j)
>>> a=complex(2, -3)
>>>(2-3j)
>>> x=10
>>> y=complex(x)
>>>y
(10+0j)
>>>z.real
1.0
>>>z.imag
2.0
>>>z.conjugate()
(1-2j)
```

2.2.5　空值

Python 有一个特殊的空值常量 None。与 0 和空字符串（""）不同，None 表示什么都没有；None 与任何其他的数据类型比较永远返回 False。Python 中的 None 与 0 和空字符串（""）是不同的数据类型。空值是 Python 中一个特殊的值，用 None 表示，说明该值是一个空对象。None 不能理解为 0，因为 0 是有意义的，而 None 是一个特殊的空值。可以使用 dir() 函数查看 None 与空字符串的属性、方法列表。

```
>>>type(None)
<class 'NoneType'>
>>>type(0)
int
>>>type('')
<class ''str'>
>>>dir(None)
['__bool__', '__class__', '__delattr__', '__dir__', '__doc__', '__eq__',
'__format__', '__ge__', '__getattribute__', '__gt__', '__hash__',
'__init__', '__init_subclass__', '__le__', '__lt__', '__ne__', '__new__',
'__reduce__', '__reduce_ex__', '__repr__', '__setattr__', '__sizeof__',
'__str__', '__subclasshook__']
```

```
>>> dir(' ')
['__add__', '__class__', '__contains__', '__delattr__', '__dir__',
'__doc__', '__eq__', '__format__', '__ge__', '__getattribute__',
'__getitem__', '__getnewargs__', '__gt__', '__hash__', '__init__',
'__init_subclass__', '__iter__', '__le__', '__len__', '__lt__', '__mod__',
'__mul__', '__ne__', '__new__', '__reduce__', '__reduce_ex__', '__repr__',
'__rmod__', '__rmul__', '__setattr__', '__sizeof__', '__str__',
'__subclasshook__', 'capitalize', 'casefold', 'center', 'count', 'encode',
'endswith', 'expandtabs', 'find', 'format', 'format_map', 'index', 'isalnum',
'isalpha', 'isdecimal', 'isdigit', 'isidentifier', 'islower', 'isnumeric',
'isprintable', 'isspace', 'istitle', 'isupper', 'join', 'ljust', 'lower',
'lstrip', 'maketrans', 'partition', 'replace', 'rfind', 'rindex', 'rjust',
'rpartition', 'rsplit', 'rstrip', 'split', 'splitlines', 'startswith',
'strip', 'swapcase', 'title', 'translate', 'upper', 'zfill']
```

2.3　操作符和表达式

Python 支持算术操作符、关系操作符、赋值操作符、逻辑操作符、位操作符、成员操作符和身份操作符等基本运算符。表达式是将不同类型的数据（常量、变量、函数）用操作符按照一定的规则连接起来的式子。本节将分别介绍 Python 支持的操作符和相应的表达式。

2.3.1　算术操作符和表达式

算术运算符可以实现数学运算，Python 的算术操作符如表 2-5 所示。

表 2-5　算术操作符

算术操作符	表　达　式	说　　　明
+	x + y	加法运算
−	x − y	减法运算
*	x * y	乘法运算
/	x/y	除法运算
%	x%y	求模运算
**	x**y	幂运算，x**y 返回 x 的 y 次幂
//	x//y	整除运算，即返回商的整数部分

Python 中的除法运算（Python 3.x）进行浮点数计算，也就是说 x/y 返回的结果是浮点数。%为取模运算，x%y 的结果将是 x 除以 y 的余数。

　　如果要从整数相除中得到一个整数，丢弃任何小数部分，可以使用另一个操作符"//"。
例如：

```
x=5
y=3
a=4
b=2
print(x+y)          #结果为 8
print(x-y)          #结果为 2
print(x*y)          #结果为 15
print(x/y)          #结果为 1.6666666666666667，不同的机器浮点数的结果可能不同
print(x//y)         #向下取整结果为 1
print(x%y)          #两数相除取余结果为 2
print(x**y)         #5 的 3 次幂结果为 125

print(a/b)          #结果为浮点数 2.0
print(a%b)          #取余结果为 0
print(a//b)         #取整结果为 2
```

2.3.2　关系操作符和表达式

　　关系操作符是对两个数据进行比较，返回一个布尔值，Python 的关系操作符如表 2-6 所示。

表 2-6　Python 的关系操作符

关系操作符	表　达　式	说　　　明
==	x==y	等于，比较对象是否相等
!=或<>	x !=y x<>y	不等于，比较两个对象是否不相等
>	x > y	大于，比较 x 是否大于 y
<	x < y	小于，比较 x 是否小于 y
>=	x>=y	大于等于，比较 x 是否大于或者等于 y
<=	x<=y	小于等于，比较 x 是否小于或者等于 y

　　例如：

```
a=4
b=2
c=2
print(a==b)         #False
print(a!=b)         #True
```

```
print(a<>b)          #True
print(a>b)           #True
print(a<b)           #False
print(a>=b)          #True
print(c<=b)          #True
```

2.3.3 赋值操作符和表达式

赋值操作符的作用是将操作符右侧的常量或变量的值赋值到运算符左侧的变量中，Python 的赋值操作符如表 2-7 所示。

表 2-7　Python 的赋值操作符

赋值操作符	表　达　式	说　　　　明
=	c=a + b	直接赋值操作符，将 a + b 的运算结果赋值为 c
+=	c +=a	加法赋值操作符 c += a 等效于 c = c + a
-=	c -=a	减法赋值操作符 c -= a 等效于 c = c - a
*=	c *=a	乘法赋值操作符 c *= a 等效于 c = c * a
/=	c /=a	除法赋值操作符 c /= a 等效于 c = c / a
**=	c **=a	幂赋值操作符 c **= a 等效于 c = c ** a
%=	c %=a	取模赋值操作符 c %= a 等效于 c = c % a

例如：

```
x=6
y=3
a=4
b=2
print(x+y)           #结果为 9
print(x-y)           #结果为 3
print(x*y)           #结果为 18
print(x/y)           #结果为 2
print(x//y)          #向下去整结果为 2
print(x%y)           #两数相除取余结果为 2
print(x**y)          #6 的 3 次幂结果为 216

print(a/b)           #结果为浮点数 2.0
print(a%b)           #取余结果为 0
print(a//b)          #取整结果为 2
```

2.3.4　逻辑操作符和表达式

Python 支持的逻辑操作符如表 2-8 所示。

表 2-8　Python 的逻辑操作符

逻辑操作符	表　达　式	说　　　明
and	a and b	逻辑与，当 a 为 True 时才计算 b。当 a 和 b 都为 True 时等于 True；否则等于 False
or	a or b	逻辑或，当 a 为 False 时才计算 b。当 a 和 b 至少有一个为 True 时等于 True；否则等于 False
not	not a	逻辑非，当 a 等于 True 时，表达式等于 False；否则等于 True

例如：

```
x=True
y=False
print("x and y=", x and y)
print("x or y=", x or y)
print("not x=", not x)
print("not y=", not y)


#运行结果如下:
x and y=False
x or y=True
not x=False
not y=True
```

又如：

```
a=4
b=2
c=0
print(a>b and b>c)   #a>b 为 True，继续计算 b>c，b>c 也为 True，则结果为 True
print(a>b and b<c)   #a>b 为 True，继续计算 c<b，c<b 结果为 False，则结果为 False
print(a>b or c<b)    #a>b 为 True，则不继续计算 c<b，结果为 True
print(not c<b)       #c<b 为 True，not True 结果为 False
print(not a<b)       #a<b 为 False，not Flase 结果为 True
```

2.3.5　位操作符和表达式

位操作符允许对整型数中指定的位进行置位，按位操作符是把数字看作二进制来进行计算的。Python 的位操作符如表 2-9 所示。

表 2-9　Python 的位操作符

位 操 作 符	表达式	说　　　　　明
&	a & b	按位与运算符：参与运算的两个值,如果两个相应位都为 1,则该位的结果为 1,否则为 0
|	a | b	按位或运算符：只要对应的 2 个二进位有一个为 1 时，结果位就为 1；否则，结果位为 0
^	a ^ b	按位异或运算符：当两个对应的二进位相异时，结果为 1。异或的运算法则为：0 异或 0 等于 0，1 异或 0 等于 1，0 异或 1 等于 1，1 异或 1 等于 0
~	~a	按位取反运算符：对数据的每个二进制位取反,即把 1 变为 0,把 0 变为 1
<<	a<<n	左移动运算符：运算数的各二进位全部左移 n 位，由"<<"右边的数指定移动的位数，高位丢弃，低位补 0
>>	a>>n	右移动运算符：把">>"左边的运算数的各二进位全部右移 n 位，">>"右边的数指定移动的位数

例如：

a & b	0011 1100 & 0000 1101 0000 1100	12
a | b	0011 1100 | 0000 1101 0011 1101	61
a ^ b	0011 1100 ^ 0000 1101 0011 0001	49
~a	~ 0011 1100 1100 0011	−61 有符号二进制数的补码
a << 2	0011 1100 -> 1111 0000	240
a >>2	0011 1100-> 0000 1111	15

2.3.6　身份操作符和表达式

身份操作符用于比较两个对象的存储单元，如表 2-10 所示。

表 2-10　Python 的身份操作符

身份操作符	具 体 描 述	实　　　　　例
is	is 是判断两个标识符是否引用自一个对象	x is y ,如果 id(x)等于 id(y),is 返回结果 True, 否则返回 False

身份操作符	具 体 描 述	实 例
is not	is not 是判断两个标识符是否引用自不同对象	x is not y,如果 id(x)不等于 id(y),is not 返回结果 True，否则返回 False

身份运算符使用实例：

```
a=20
b=20
if(a is b ):
    print("1-a 和 b 有相同的标识")
else:
    print("1-a 和 b 没有相同的标识")
if(id(a) is not id(b)):
    print("2-a 和 b 有相同的标识")
else:
    print("2-a 和 b 没有相同的标识")
b=30
if(a is b):
    print("3-a 和 b 有相同的标识")
else:
    print("3-a 和 b 没有相同的标识")

if(a is not b):
    print("4-a 和 b 有相同的标识")
else:
    print("4-a 和 b 没有相同的标识")
#输出结果:
1-a 和 b 有相同的标识
2-a 和 b 有相同的标识
3-a 和 b 没有相同的标识
4-a 和 b 有相同的标识
```

2.3.7 成员操作符和表达式

成员操作符用于判断一个对象是否在另一个对象中，如表 2-11 所示。

表 2-11 成员操作符和表达式

成员操作符	表 达 式	说 明
in	x in y	如果在指定的序列中找到值返回 True，否则返回 False
not in	x not in y	如果在指定的序列中没有找到值返回 True，否则返回 False

例如：

```
a=4
c=0
list=[1,2,3,4,5]
if(a in list):
    print("%d is in list:%r"%(a,list))
if(c not in list):
    print("%d is not in list: %r"%(c,list))
```

又如：

```
x=9
y=[2,9,10]
x in y              #True
x not in y          #False
```

2.3.8　操作符的优先级

Python 的算术表达式具有结合性和优先性。结合性是指表达式按照从左到右、先乘除后加减的原则进行计算。

表 2-12 列出了从最高到最低优先级的所有操作符。

表 2-12　Python 操作符优先级（从高到低）

运 算 符	具 体 描 述
**	指数（最高优先级）
~ + -	逻辑非运算符和正数/负数运算符；注意，这里的+和-不是加减运算符
* / % //	乘、除、取模、取整除
+ -	加和减
>> <<	位右移运算符和位左移运算符
&	按位与运算符
^ |	按位异或运算和按位或运算
> < == != <>	大于、小于、等于、不等于
%= /= //= -= += *= **=	赋值运算符
is is not	身份运算符，用于判断两个标识符是否引用自一个对象
in not in	成员运算符，用于判断序列中是否包含指定成员

运　算　符	具　体　描　述
not or and	逻辑运算符

另外，小括号可以改变优先级，有()的情况优先计算()中的表达式。

小　　结

本章主要介绍了 Python 中的变量、常量及命名规则及几种基本的数据类型，介绍了 7 种不同操作符和相应的表达式运算。

习　　题

一、简答题

1. 简述查看 Python 关键字的方法。

2. 简述 Python 操作符的种类及优先级顺序。

二、上机操作题

1. 自定义一个 list，如 L = [1,4,2, 7, 10, 5]，对 L 进行升序排序并输出。

2. 定义一个字符串 a = '12a45'，对 a 进行逆序输出。

第 3 章　程序控制结构

程序控制结构描述了程序中语句代码的执行顺序。程序可以像流水账一样顺序执行下去，也可以跳跃、循环以及分支执行，这些执行方式就叫作程序控制结构。Python 中最常用的控制结构有 3 种：顺序结构、选择结构和循环结构，当然还有一些不常用的控制结构，如中断结构等。

3.1　程序设计过程

3.1.1　程序设计结构

与其他编程语言一样，Python 的 3 种基本程序设计结构分别是：顺序结构、选择结构和循环结构。其中，顺序结构是指程序执行的顺序与代码的书写顺序一致，依次执行；选择结构是指程序执行到某一处代码时会进行判断，程序仅选择执行判断结果为 True 的语句块，而判断结果为 False 的语句块将不再执行；循环结构是指程序内有一部分语句依据一定的条件重复执行多次。

3.1.2　程序流程图

程序流程图又称程序框图，是用统一规定的标准符号描述程序运行具体步骤的图形表示。程序框图的设计是在处理流程图的基础上，通过对输入/输出数据和处理过程的详细分析，将程序的主要运行步骤和具体执行内容标识出来。程序框图是进行程序设计的最基本依据，是人们对解决问题的方法、思路或算法的一种图形化的描述。

流程图采用的符号主要包括三类：

（1）箭头表示的是控制流。

（2）矩形表示的是语句内容。

（3）菱形表示的是判断语句。

3.2　顺　序　结　构

顺序结构比较简单，就是按照顺序书写程序，程序也将按照顺序依次执行，是一种最基本最常见的程序设计结构。一般情况下，顺序结构的程序由赋值语句和输入/输出语句组成。

3.2.1　行与缩进

Python 最具特色的一点就是使用缩进来表示代码块，不需要使用大括号 {}。缩进的空格数是可变的，但是隶属于同一个代码块的语句必须包含相同的缩进空格数。例如：

```
if True:
    print ("True")
else:
    print ("False")
```

以下代码最后一行语句缩进的空格数不一致，会导致运行错误：

```
if True:
    print ("Answer")
    print ("True")
else:
    print ("Answer")
  print ("False")              # 缩进不一致，会导致运行错误
```

该代码执行后会出现以下错误：

```
File "test.py", line 6
    print ("False")            # 缩进不一致，会导致运行错误

IndentationError: unindent does not match any outer indentation level
```

缩进的优点是，当打开 Python 项目时就会发现代码的层次感很强，会感受到代码的美感，哪些代码属于同一层级一目了然。缩进所需要掌握的规律就是第一行代码需要顶格，同一层级的代码在同一个缩进幅度上，下一个层级的代码在下一个缩进幅度上。当掌握了缩进规律之后，再去书写 Python 代码会更加容易。

函数之间或类的方法之间用**空行**分隔，表示一段新的代码的开始。类和函数入口之间也用一行空行分隔，以突出函数入口的开始。

空行与代码缩进不同，空行并不是 Python 语法的一部分。书写时不插入空行，Python 解释器运行也不会出错。但是，空行的作用在于分隔两段不同功能或含义的代码，便于日后代码的维护或重构。

注意：空行也是程序代码的一部分。

3.2.2　语句换行

Python 通常是一行写完一条语句，但如果语句很长，可以使用反斜杠（\）来实现多行语句。例如：

```
total=item_one+\
      item_two+\
      item_three
```

在 []、{}或 () 中的多行语句，不需要使用反斜杠（\）。例如：

```
total=['item_one', 'item_two', 'item_three',
       'item_four', 'item_five']
```

3.2.3 注释

Python 中单行注释以 # 开头。例如：

```
# 第一个注释
print ("Hello, Python3!")  # 第二个注释
```

多行注释可以用多个 # 号，或者使用''' 和 """。例如：

```
# 第一个注释
# 第二个注释


'''
第三注释
第四注释
'''


"""
第五注释
第六注释
"""
print ("Hello, Python3!")
```

3.2.4 输入语句

Python 2.x 中有两个内置的函数可以从标准输入读取数据，它默认来自键盘。这些函数分别是 input() 和 raw_input()，其中，raw_input()表示从外部接收输入字符串。但在 Python 3.x 中，raw_input()函数已被弃用。此外，input() 函数是从键盘作为字符串读取数据，不论是否使用引号("或" ")。例如：

```
x=input("请输入 x=")
y=input("请输入 y=")
z=x+y
print("x+y="+z)
```

输出结果：

```
请输入 x=111
```

请输入 y=222

x+y=111222

由此可以看到，input()的返回值永远是字符串，当需要返回 int 型时需要使用 int(input())的形式。例如：

```
x=int(input("请输入 x="))
y=int(input("请输入 y="))
z=x+y
print("x+y=",z)
```

输出结果：

请输入 x=111

请输入 y=222

x+y= 333

3.2.5　输出语句

1. 标准化输出

产生输出的最简单方法是使用 print 语句，可以通过使用逗号分隔零个或多个表达式。这个函数传递表达式转换为一个字符串，例如：

```
print ("Python is really a simple language,", "isn't it?")
```

输出：

```
Python is really a simple language, isn't it?
```

2. 格式化输出

通常，我们希望更多的控制输出格式，而不是简单地以空格分割。这里有两种方式：

（1）由用户自己控制。使用字符串切片、连接操作以及字符串包含的一些有用的操作。例如：

```
# 第一种方式: 自己控制
for x in range(1, 11):
    print(str(x).rjust(2), str(x*x).rjust(3), end=' ')
    print(str(x*x*x).rjust(4))
```

输出结果：

```
1   1    1
2   4    8
3   9   27
4  16   64
5  25  125
6  36  216
7  49  343
8  64  512
```

```
  9   81   729
 10 100 1000
```

第一种方式中，字符串对象的 str.rjust() 方法的作用是将字符串靠右，并默认在左边填充空格，所占长度由参数指定，类似的方法还有 str.ljust() 和 str.center() 。这些方法并不会写任何东西，它们仅仅返回新的字符串，如果输入很长，它们并不会截断字符串。

（2）使用 str.format()方法。

用法：通过{}和 "："来代替传统%方式

● 使用位置参数。

要点：从以下例子可以看出位置参数不受顺序约束，且可以为{}，只要 format()中有相对应的参数值即可，参数索引从 0 开，传入位置参数列表可用 "*" 列表的形式。

```
>>> li=['hoho',18]
>>> 'my name is {},age {}'.format('hoho',18)
'my name is hoho,age 18'
>>> 'my name is {1},age {0}'.format(10,'hoho')
'my name is hoho,age 10'
>>> 'my name is {1},age {0} {1}'.format(10,'hoho')
'my name is hoho,age 10 hoho'
>>> 'my name is {},age {}'.format(*li)
'my name is hoho,age 18'
```

● 使用关键字参数。

要点：关键字参数值要对得上，可用字典当关键字参数传入值，字典前加 "**" 即可。

```
>>> hash={'name':'hoho','age':18}
>>> 'my name is {name},age is {age}'.format(name='hoho',age=19)
'my name is hoho,age is 19'
>>> 'my name is {name},age is {age}'.format(**hash)
'my name is hoho,age is 18'
```

● 填充与格式化。

格式：{0:[填充字符][对齐方式 <^>][宽度]}.format()

```
>>> '{0:*>10}'.format(20)   #右对齐
'********20'
>>> '{0:*<10}'.format(20)   #左对齐
'20********'
>>> '{0:*^10}'.format(20)   #居中对齐
'****20****'
```

● 精度与进制。

```
>>> '{0:.2f}'.format(1/3)
```

```
'0.33'
>>> '{0:b}'.format(10)              #二进制
'1010'
>>> '{0:o}'.format(10)              #八进制
'12'
>>> '{0:x}'.format(10)             #十六进制
'a'
>>> '{:,}'.format(12369132698)     #千分位格式化
'12,369,132,698'
```

● 使用索引。

```
>>> li
['hoho', 18]
>>> 'name is {0[0]} age is {0[1]}'.format(li)
'name is hoho age is 18
```

Python 的格式化操作符指令如表 3-1 所示。

表 3-1 格式化操作符指令

符 号	功 能
*	定义宽度或者小数点精度
–	用作左对齐
+	在正数前面显示加号(+)
<sp>	在正数前面显示空格
#	在八进制数前面显示零('0'),在十六进制前面显示'0x'或者'0X'(取决于用的是 x 还是 X)
0	显示的数字前面填充 0 而不是默认的空格
%	'%%'输出一个单一的%
(var)	映射变量(字典参数)
m.n.	m 是显示的最小总宽度,n 是小数点后的位数(如果可用)

3.2.6 顺序结构举例

【例 3-1】随机产生两个 100 以内的自然数,分别计算这两个数的乘积和除法。

程序代码:

```
import random
a=random.randint(1,100)
b=random.randint(1,100)
c=a*b
```

```
d=a/b
print(a,b,c,d)
```

【例 3-2】从键盘输入两个字符串，将它们合并后输出。

程序代码：

```
str1=input("请输入第一个字符串: ")
str2=input("请输入第二个字符串: ")
str3=str1+str2
print('合并后的新字符串是:',str3)
```

3.3 选 择 结 构

选择结构主要是通过对程序中一条或多条语句的执行结果（True 或者 False）来决定程序执行流程的一种程序设计结构。在具有选择结构的计算机程序中，当程序执行到某一处代码时会进行判断，程序仅选择执行判断结果为 True 的语句块，而判断结果为 False 的语句块将不再执行。选择结构通常也被称为分支结构。图 3-1 所示为选择结构的执行过程。

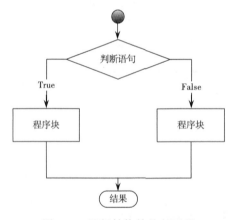

图 3-1 选择结构的执行过程

在 Python 中，选择结构通常使用 if 语句实现，如果 if 的判断条件为真，则执行其下面对应的代码，否则继续向下搜索是否有分支结构，如果有则继续执行，否则就执行这一部分内容；如果 if 的条件为假，将不执行下面对应的代码。

根据选择结构中判断条件的个数，通常可以分为单分支选择结构和多分支选择结构。

3.3.1 单分支选择结构

Python 语言指定任何非 0 和非空（NULL）值为 True，0 或者 NULL 为 False。Python 程序中，if 语句用于控制程序的执行，基本形式为：

```
if 判断条件：
```

```
        执行语句
else:
        执行语句
```

判断条件 else 为可选语句,如果需要在条件不成立时执行程序,则执行 else 下的相关语句。
例如:

```
flag=False
name='XY'
if name=='python':          # 判断变量否为'python'
    flag=True               # 条件成立时设置标志为真
    print ('Welcome')       # 输出欢迎信息
else:
    print (name)            # 条件不成立时输出变量名称
```

输出结果:

```
XY                          # 输出结果
```

if 语句的判断条件可以用>(大于)、<(小于)、==(等于)、>=(大于等于)、<=(小于等于)来表示其关系。

用户也可以在同一行使用 if 条件判断语句。例如:

```
V1=100
if ( V1==100 ) : print ("变量 V1 的值为 100")
```

输出结果:

```
变量 V1 的值为 100
```

3.3.2　多分支选择结构

如果选择结构中判断条件的个数多于 1 个就属于多分支选择结构,通常可以使用以下形式:

```
if 判断条件 1:
        执行语句 1…
elif 判断条件 2:
        执行语句 2…
elif 判断条件 3:
        执行语句 3…
else:
        执行语句 4…
```

例如:

```
num=5
if num==3:                  # 判断 num 的值
    print('boss' )
elif num==2:
```

```
        print('user')
elif num==1:
        print ('worker')
elif num<0:                          # 值小于零时输出
        print('error')
else:
        print('XY')                  # 如果以上条件均不成立时输出相应语句
```

输出结果：

```
XY                                   # 输出结果
```

由于 Python 并不支持 switch…case…语句，所以多分支选择结构只能用 elif 来实现。如果判断需要多个条件同时判断时，可以使用 or（或），表示两个条件有一个成立时判断条件成功；使用 and（与）时，表示只有两个条件同时成立的情况下，判断条件才成功。

例如：

```
# 例：if 语句有多个条件
num=9
if num>=0 and num<=10:               # 判断值是否在 0～10 之间
        print ('hello')
# 输出结果：hello


num=10
if num<0 or num>10:                  # 判断值是否在小于 0 或大于 10
        print ('hello')
else:
        print ('undefine')
# 输出结果：undefine


num=8
# 判断值是否在 0～5 或者 10～15 之间
if (num>=0 and num<=5) or (num>=10 and num<=15):
        print ('hello')
else:
        print ('undefine')
# 输出结果：undefined
```

当 if 有多个条件时可使用括号来区分判断的先后顺序，括号中的判断优先执行，此外 and 和 or 的优先级低于>（大于）、<（小于）等判断符号，即大于和小于在没有括号的情况下会比 and 和 or 要优先判断。

3.3.3 三元表达式

Python 的三元运算格式如下：

```
result=值 1 if x<y else 值 2
```

就是结果=值 1 if 条件 1 else 值 2。即

```
A=Y if X else Z
```

等价于

```
if X:
    A=Y
else:
    A=Z
```

例如：

```
>>> x=3
>>> y=6
>>>z=1 if x<y else 'F'
>>>z
1
```

3.3.4 选择结构举例

【例 3-3】 编程计算分段函数的函数值。输入整数 x，根据下面的分段函数计算 y 的值。

$$y = \begin{cases} -2 & (x < 0) \\ 5 & (0 \leqslant x < 10) \\ 6 & (10 \leqslant x < 20) \\ 10 & (x \geqslant 20) \end{cases}$$

程序代码

```
x=int(input("请输入一个整数: "))
if x<0:
    y=-2
elif x==0 or x>0 and x<10:
    y=5
elif x==10 or x>10 and x<20:
    y=6
else:
    y=10
print(y)
```

【例 3-4】购买充值卡按如下规则赠送：充值 100 元赠送 10 元；充值 200 元赠送 30 元；充值 500 元赠送 100 元。根据输入的充值金额来计算赠送金额。

程序代码:

```
x=float(input("请输入充值金额: "))
if x==500 or x>500:
    print("赠送 100 元")
elif x==100 or x>100 and x<200:
    print("赠送 10 元! ")
elif x==200 or x>200 and x<500:
    print("赠送 30 元! ")
else:
    print("达不到赠送的金额, 请充值多于 100 元! ")
```

3.4　循　环　结　构

循环结构也是一种重要的程序控制结构。在 Python 中, 循环结构的主要方式有两种: while 和 for 语句 (在 Python 中没有 do...while 循环)。循环语句允许程序在满足循环条件的情况下, 多次执行同一条语句或语句块。同其他高级编程语言一样, Python 语言的循环结构如图 3-2 所示

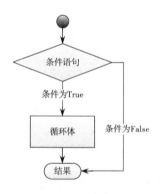

图 3-2　循环结构

3.4.1　while 语句

首先写 while 的循环条件, 即 while 括号中的表达式, 属于循环判断语句。如果条件为 True 就意味着满足 while 循环体的条件, 就会执行 while 下面的代码段。在执行时, 如果 while 循环的条件为 True, 这段代码就会一直执行, 直到 while 循环的条件为 False 时, 自动跳出循环, 执行 while 外面的代码。

while 语句的格式如下:

```
while(循环条件):
    循环体语句块
```

例如：

```
a=0
while(a<10):
    print("hello")
    a+=1
```

上述代码中，a 的初始值为 0，循环结构中将会打印"hello"并使得 a 自增 1；当 a<10 时循环结构就会一直执行，所以将会输出 10 次"hello"。当到执行到第 10 次之后，a 就不满足小于 10 的条件，于是就会跳出循环。

3.4.2　for 语句

除了 while 循环之外，还有 for 循环。for 循环的写法稍有不同，常用的格式是 for i in x，x 一般是一组数据。

for 循环遍历列表示例如下，该程序将会循环输出列表中的各个元素。

```
a=["aa","b","c","d"]
for i in a:
    print(i)
```

使用 for 语句实现循环的写法是 for i in range(x,y)，也就是 i 的范围从 x 到 y（包含 x 但不包含 y）循环执行 for 语句下面的程序块。例如，for i in range(0,5)就是 i 将依次遍历 0、1、2、3、4，在该例子中遍历不到 5。

下面的代码将会连续输出 10 次"Hello Python! "。

```
for i in range(0,10):
    print("Hello Python! ")
```

3.4.3　循环嵌套

同其他高级程序设计语言一样，Python 也允许在一个循环体中嵌入另一个循环。用户可以在循环体内嵌入其他的循环体，例如，在 while 循环体内可以嵌入 for 循环，反之，也可以在 for 循环体内嵌入 while 循环。

【例 3-5】　使用嵌套循环输出 2～100 之间的素数。

程序代码：

```
i=2
while(i<100):
    j=2
    while(j<=(i/j)):
        if not(i%j): break
        j=j+1
    if (j>i/j): print (i, " 是素数")
```

```
        i=i+1
```

输出结果：

2　是素数

3　是素数

5　是素数

7　是素数

11　是素数

13　是素数

17　是素数

19　是素数

23　是素数

29　是素数

31　是素数

37　是素数

41　是素数

43　是素数

47　是素数

53　是素数

59　是素数

61　是素数

67　是素数

71　是素数

73　是素数

79　是素数

83　是素数

89　是素数

97　是素数

3.4.4　循环控制语句

1．break 和 continue 语句

中断结构是一种特殊的控制结构，具有这种结构的程序在执行过程中会进行中断，跳出其中一部分代码，转而执行另外一部分代码。大多数情况下，中断都发生在循环过程中。通常，中断结构主要有两种方式：break 与 continue。

break 语句的作用是在语句块执行过程中终止循环，并且跳出整个循环。如果正在使用嵌套循环，break 语句将停止执行最深层的循环，并开始执行下一行代码。

continue 语句的作用是在语句块执行过程中终止当前循环，跳出该次循环，执行下一次循环。

示例：break 语句 1。

```
Color=["Red","Blue","White","Pink","Black"]
for i in Color:
      if(i=="Pink"):
            break
print('The color is',i)
```

输出结果：

```
The color is Pink
```

上述代码使用 break 语句中断 for 循环和 if 分支。该代码首先使用 for 循环依次遍历列表 Color，如果 i=="Pink"则中断循环，跳出循环体，执行 for 循环体接下来的语句。上述代码的结果就是输出 The color is Pink，因为当循环遍历到 Pink 时就会执行 break，然后终止整个循环。

示例：break 语句 2。

```
Color=["Red","Blue","White","Pink","Black"]
for i in Color:
    if(i=="Pink"):
        break
    print('The color is',i)
```

输出结果：

```
The color is Red
The color is Blue
The color is White
```

请大家思考上面两段代码的不同之处，思考输出结果不同的原因。

示例：continue 语句 1。

```
Color=["Red","Blue","White","Pink","Black"]
for i in Color:
    if(i=="Pink"):
        continue
print('The color is',i)
```

输出结果：

```
The color is Black
```

而当将 break 替换为 continue 后，运行该段代码的输出结果为"The color is Black"，这是因为 continue 仅中断本次循环，不会影响下一次循环。上述代码在遍历到数组中元素 Pink 时，会中断本次循环，然后原来的 for 循环会继续执行。

示例：continue 语句 2。

```
Color=["Red","Blue","White","Pink","Black"]
for i in Color:
```

```
        if(i=="Pink"):
                continue
    print('The color is',i)
```

输出结果：

```
The color is Red
The color is Blue
The color is White
The color is Black
```

读者可以思考上面两段代码的不同之处，分析输出结果不同的原因。

2. pass 语句

pass 表示空语句，主要是为了保持程序结构的完整性。pass 不做任何事情，一般只用来作为占位语句。例如：

```
# 输出 Python 的每个字母
for letter in 'Python':
    if letter=='h':
        pass
        print('这是 pass 块')
    print ('当前字母:', letter)
print("The End!")
```

输出结果：

```
当前字母: P
当前字母: y
当前字母: t
这是 pass 块
当前字母: h
当前字母: o
当前字母: n
The End!
```

3.4.5 循环结构举例

【**例 3-6**】 输出乘法口诀表。

程序代码：

```
for i in range(1,10):
    for j in range(1,i+1):
        print(str(i)+"*"+str(j)+"="+str(i*j),end="   ")
    print()
```

如上述代码所示，乘法口诀表分为行和列的控制，最外层循环控制行数，所以外层循环是for i in range(1,10)，就是 i 从 1 依次遍历到 9。而对于列的控制就需要内层循环，显然就是在 i 层下面再进行一层循环，如上述代码中的 for j in range(1,i+1)，因为当遍历到 1 的时候，结果是 1*1，不需要继续写 1*2，所以这里只需要遍历到 i+1 即可。具体的输出只需要进行简单的数学运算和字符串拼接即可，在用 print()输出之后如果不通过 end 控制是会默认更换一行的，这样输出的结果不够美观，上述代码的写法可以使得同一行 print 输出的结果之间隔一个空格。而在完成了 j 的遍历之后需要另起一行，所以需要 print()。

注意：print()跟第二个 for 循环是并列关系，具有一样的缩进。

输出结果：

```
1*1=1
2*1=2   2*2=4
3*1=3   3*2=6    3*3=9
4*1=4   4*2=8    4*3=12   4*4=16
5*1=5   5*2=10   5*3=15   5*4=20   5*5=25
6*1=6   6*2=12   6*3=18   6*4=24   6*5=30   6*6=36
7*1=7   7*2=14   7*3=21   7*4=28   7*5=35   7*6=42   7*7=49
8*1=8   8*2=16   8*3=24   8*4=32   8*5=40   8*6=48   8*7=56   8*8=64
9*1=9   9*2=18   9*3=27   9*4=36   9*5=45   9*6=54   9*7=63   9*8=72   9*9=81
```

小　　结

本章主要介绍了 Python 语言的 3 种常见的程序控制结构，即顺序结构、选择结构和循环结构。

习　　题

一、简答题

1. 简述程序设计的基本步骤。

2. 简述 Python 程序中语句的缩进规则。

3. 举例并说明 Python 实现选择结构的语句。

4. 举例并说明 Python 实现循环结构的语句。

二、上机操作题

1. 编写程序，输入一个实数 x，分别输出该数的百位数、十位数、个位数和小数部分。

2. 编写程序，随机生成一个 5 位整数，将组成该数的 5 个数字按逆序输出。

3. 编写程序，从键盘输入不在同一直线上的 3 个点的坐标值（x1，y1）、（x2，y2）和（x3，y3），分别计算由这 3 个点组成的三角形的三条边长 A、B、C，并计算该三角形的面积。

4. 输入三条边长，判断这三条边能否组成三角形。如果能组成三角形，则判断是否为直角三角形；如果是直角三角形，判断是否是等腰直角三角形。如果能组成三角形，则输出由这三条边组成的三角形的周长和面积。

5. 编写程序，判断闰年。从键盘输入年份，判断该年是否是闰年，并输出年份和是否是闰年的信息。

6. 编写程序，输入一个整型数，计算该数的每位数字之和。

7. 自然数 x（x<500）与 338 的乘积是 y 的平方，编写程序计算满足该条件的所有 x 及相应的 y。

8. 编写程序，将乘法口诀表逆序输出，形成倒三角形式。

第4章 列表、元组和字典

序列是 Python 中最基本的数据结构。序列中的每个元素都分配一个数字——它的位置，或索引，第一个索引是 0，第二个索引是 1，依此类推。Python 有 6 个序列的内置类型，最常见的是列表和元组。序列都可以进行的操作包括索引、切片、加、乘、检查成员、确定序列的长度以及确定最大和最小的元素。本章将主要介绍列表、元组和字典等数据类型。

4.1 列　　表

列表（list）是 Python 复合数据类型中功能最多的一种类型。一个列表包含用逗号分隔并括在方括号([])中的元素。在某种程度上，列表类似于 C 语言中的数组。它们之间的主要区别是：Python 中列表的所有项可以是不同的数据类型，而 C 语言中的数组只能是同种数据类型。

存储在列表中的值可以使用切片运算符[:]来访问，索引一般从列表第一个元素开始，置为 0，从左向右依次递增。同时也可以用−1 表示列表中的最后一个元素，从右向左依次递减。 加号(+)是列表连接运算符，表示列表合并；星号(*)是重复运算符。

列表中的各个元素/数据项不需要具有相同的类型，因此创建一个列表，只要把逗号分隔的不同的数据项使用方括号括起来即可。例如：

```
list1=[1, 2, 3, 4, 5 ]
list2=["a", "b", "c", "d"]
list3=['physics', 'TRUE', 2018, 2+3j]
```

4.1.1 访问列表元素

用户可以使用下标索引来访问列表中的元素，同样用户也可以使用方括号的形式截取列表中的元素例如：

```
list1=['physics', 'TRUE', 2018, 2+3j]
list2=[1, 2, 3, 4, 5, 6, 7 ]
print ("list1[0]: ", list1[0] )
print ("list2[1:5]: ", list2[1:5])
输出结果：
list1[0]: physics
list2[1:5]: [2, 3, 4, 5]
```

4.1.2 更新列表元素

用户可以对列表中的元素/数据项进行修改或更新，也可以使用 append()方法来添加列表项，例如：

```
list=[] # 空列表
list.append('Google')
# 使用 append() 添加元素
list.append('XY')
print (list)
```

输出结果：

```
['Google', 'XY']
```

4.1.3 删除列表元素

可以使用 del 语句来删除列表的元素，如下实例：

```
list1 = ['physics', 'chemistry', 1997, 2000]
print (list1)
del list1[2]
print ("After deleting value at index 2 : " )
print (list1)
```

输出结果：

```
['physics', 'chemistry', 1997, 2000]
After deleting value at index 2 :
['physics', 'chemistry', 2000]
```

4.1.4 列表脚本操作符

列表对"+"和"*"的操作符与字符串相似。"+"号用于组合列表，"*"号用于重复列表。列表的常用操作如表 4-1 所示。

表 4-1 列表的常用操作

Python 表达式	结　果	描　述
len([1, 2, 3,4,5,6])	6	计算列表的长度或者列表中元素的个数
[1, 2, 3] + [4, 5, 6]	[1, 2, 3, 4, 5, 6]	组合
['Hi!'] * 4	['Hi!', 'Hi!', 'Hi!', 'Hi!']	重复
3 in [1, 2, 3]	True	元素是否存在于列表中
for x in [1, 2, 3]: print (x)	1 2 3	迭代

4.1.5 截取列表

Python 的列表截取有时也被称为"切片",示例如下(见表 4-2):

```
>>>L=['Google', 'JD', 'Taobao']
>>> L[2]
'Taobao'
>>> L[-2]
'JD'
>>> L[1:]
['JD', 'Taobao']
```

表 4-2 截取列表示例

Python 表达式	结 果	描 述
L[2]	'Taobao'	读取列表中第三个元素
L[-2]	'JD'	读取列表中倒数第二个元素
L[1:]	['JD', 'Taobao']	从左边数,第二个元素开始截取列表

4.1.6 列表常用内置函数和方法

在 Python 中,列表中主要包含的内置函数如表 4-3 所示。

表 4-3 列表中常用的内置函数

函 数	说 明
cmp(list1, list2)	比较两个列表的元素
len(list)	列表元素个数
max(list)	返回列表元素最大值
min(list)	返回列表元素最小值
list(seq)	将元组转换为列表

在 Python 中,列表中主要包含的内置方法如表 4-4 所示。

表 4-4 列表中常用的内置方法

方 法	描 述
list.append(obj)	在列表末尾添加新的对象
list.count(obj)	统计某个元素在列表中出现的次数
list.extend(seq)	在列表末尾一次性追加另一个序列中的多个值(用新列表扩展原来的列表)

续表

方　　法	描　　　述
list.index(obj)	从列表中找出某个值第一个匹配项的索引位置
list.insert(index, obj)	将对象插入列表
list.pop(obj=list[−1])	移除列表中的一个元素（默认最后一个元素），并且返回该元素的值
list.remove(obj)	移除列表中某个值的第一个匹配项
list.reverse()	反向列表中元素
list.sort([func])	对原列表进行排序

4.2　元　　组

Python 的元组（Tuple）是与列表类似的另一种序列数据类型。元组也是由多个值以逗号分隔。然而，列表和元组之间的主要区别是：列表元素括在方括号([])中，列表中的元素和大小可以更改；而元组元素括在圆括号(())中，其元素无法直接更新。元组可以被认为是一种只读列表。

创建元组很简单，只需要在括号中添加元素，并使用逗号隔开即可。例如：

```
tup1=('physics', 'chemistry', 1997, 2000);
tup2=(1, 2, 3, 4, 5 );
tup3="a", "b", "c", "d";
```

创建空元组：

```
tup1=();
```

元组中只包含一个元素时，需要在元素后面添加逗号：

```
tup1=(50,);
```

元组与字符串类似，下标索引从 0 开始，可以进行截取、组合等。

4.2.1　访问元组元素

元组可以使用下标索引来访问元组中的值，如下实例：

```
tup1=('physics', 'chemistry', 1997, 2000);
tup2=(1, 2, 3, 4, 5, 6, 7 );
print("tup1[0]: ", tup1[0])
print("tup2[1:5]: ", tup2[1:5])
```

输出结果：

```
tup1[0]:  physics
tup2[1:5]:  (2, 3, 4, 5)
```

4.2.2　修改元组元素

元组中的元素值是不允许修改的，但可以对元组进行连接组合。例如：

```
#!/usr/bin/python
# -*- coding: UTF-8 -*-
tup1=(12, 34.56);
tup2=('abc', 'xyz');
# 以下修改元组元素操作是非法的
# tup1[0] = 100;
# 创建一个新的元组
tup3=tup1+tup2;
print tup3;
```

输出结果：

```
(12, 34.56, 'abc', 'xyz')
```

4.2.3　删除元组

元组中的元素值是不允许删除的，但可以使用 del 语句来删除整个元组。例如：

```
tup=('physics', 'chemistry', 1997, 2000);
print tup;
del tup;
print "After deleting tup: "
print tup;
```

以上实例元组被删除后，输出变量会有异常信息，输出结果如下：

```
('physics', 'chemistry', 1997, 2000)
After deleting tup:
Traceback (most recent call last):
  File "test.py", line 9, in <module>
    print tup;
NameError: name 'tup' is not defined
```

4.2.4　元组运算符

与字符串一样，元组之间可以使用"+"号和"*"号进行运算。这就意味着它们可以组合和复制，运算后会生成一个新的元组。Python 中的元组运算符如表 4-5 所示。

表 4-5　元组运算符

Python 表达式	结　　果	描　　述
len((1, 2, 3))	3	计算元素个数
(1, 2, 3) + (4, 5, 6)	(1, 2, 3, 4, 5, 6)	连接

Python 表达式	结　　果	描　　述
('Hi!',) * 4	('Hi!', 'Hi!', 'Hi!', 'Hi!')	复制
3 in (1, 2, 3)	True	元素是否存在
for x in (1, 2, 3): print x,	1 2 3	迭代

4.2.5　元组索引、截取

因为元组也是一个序列，所以可以访问元组中指定位置的元素，也可以截取索引中的一段元素，如表 4-6 所示。

元组：

```
L=('spam', 'Spam', 'SPAM!')
```

表 4-6　元组的索引及截取

Python 表达式	结　　果	描　　述
L[2]	'SPAM!'	读取第三个元素
L[-2]	'Spam'	反向读取；读取倒数第二个元素
L[1:]	('Spam', 'SPAM!')	截取元素

4.2.6　无关闭分隔符

任意无符号的对象，以逗号隔开，默认为元组。例如：

```
print('abc', -4.24e93, 18+6.6j, 'xyz');
x, y=1, 2;
print("Value of  x , y : ", x,y);
```

输出结果：

```
abc -4.24e+93 (18+6.6j) xyz
Value of  x , y : 1 2
```

4.2.7　元组常用内置函数

Python 元组的内置函数如表 4-7 所示。

表 4-7　元组的内置函数

序　　号	方法及描述
1	cmp(tuple1, tuple2)：比较两个元组元素
2	len(tuple)：计算元组元素个数
3	max(tuple)：返回元组中元素最大值

序　　号	方法及描述
4	min(tuple)：返回元组中元素最小值
5	tuple(seq)：将列表转换为元组

4.3　字　　典

Python 中的字典（dictionary）是另一种可变容器模型，且可存储任意类型对象，一般由键–值（key-value）对组成。字典的键几乎可以是任何一种 Python 数据类型，但通常为了方便通常使用数字或字符串。另一方面，值可以是任意的 Python 对象。字典由花括号({})括起来，可以使用方括号([])进行内存分配和访问值。字典的每个键–值对之间用冒号"："分割，每一对键–值对之间用逗号"，"进行分割。字典类型的格式如下：

```
dict = {key1 : value1, key2 : value2, key3 : value3,…,keyn : valuen}
```

注意：字典的键必须是唯一的，但值则没有要求。值可以取任何数据类型，但键必须是不可变的，如字符串、数字或元组。

一个简单的字典实例：

```
dict1={'Aaron': '2011', 'Ben': '2012', 'Kate': '2008', 'Mike': '2007'}
```

也可如此创建字典：

```
dict2={'score': 98}; dict3={ 'str1': 'good', 28: 66 };
```

4.3.1　访问字典元素

用户可以把字典相应的键放入方括号中来实现元素的访问。例如：

```
dict={'Name': 'Zara', 'Age': 7, 'Class': 'First'};
print("dict['Name']: ", dict['Name'])
print("dict['Age']: ", dict['Age']);
```

输出结果：

```
dict['Name']:  Zara
dict['Age']:  7
```

如果使用字典中没有的键访问数据，将会输出值错误异常。

```
dict={'Name': 'Zara', 'Age': 7, 'Class': 'First'}
print("dict['Alice']: ", dict['Alice'])
```

输出结果：

```
dict['Alice']:
Traceback(most recent call last):
```

```
    File "test.py", line 5, in <module>
        print "dict['Alice']: ", dict['Alice'];
KeyError: 'Alice'
```

4.3.2 修改字典

用户可以修改字典中的元素。例如，通过增加新的键-值对在字典中扩充新元素，也可以直接修改或删除已有键-值对。

```
dict={'Name': 'Zara', 'Age': 7, 'Class': 'First'};
dict['Age']=8;                          # 更改字典指定元素的值
dict['School'] = "DPS School";     # 增加一个新的元素
print ("dict['Age']: ", dict['Age'])
print ("dict['School']: ", dict['School'])
```

输出结果：

```
dict['Age']:  8
dict['School']:  DPS School
```

4.3.3 删除字典元素

在 Python 中，可以删单一的元素也能清空字典，清空只需用函数 clear( )就可以实现。使用 del 命令可以删除某个键-值对，也可以删除整个字典。例如：

```
dict={'Name': 'Zara', 'Age': 7, 'Class': 'First'};
del dict['Name'];                       # 删除键是'Name'的条目
dict.clear();                           # 清空词典所有条目
del dict ;                              # 删除词典
print("dict['Age']: ", dict['Age'])
print("dict['School']: ", dict['School'])
```

但这会引发一个异常，因为用 del 后字典不再存在：

```
dict['Age']:
Traceback (most recent call last):
  File "test.py", line 8, in <module>
    print "dict['Age']: ", dict['Age'];
TypeError: 'type' object is unsubscriptable
```

4.3.4 字典键的特性

字典元素中的值可以使用任意的 Python 的数据类型，既可以是标准的数据类型，也可以是用户自定义的数据类型，但字典元素中的键不能随意设置，需要遵循以下两个原则：

（1）键必须是唯一的，同一个键不能出现两次。创建时如果同一个键被赋值两次，后一个值会被记住。例如：

```
>>> dict={'Name': 'Zara', 'Age': 7, 'Name': 'Manni'}
>>> print("dict['Name']: ")
>>> dict['Name']
```

输出结果：

```
dict['Name']:  Manni
```

（2）键的值必须是某种不可变的数据类型，所以可以用数字、字符串或元组，但不可以用列表。例如：

```
>>> dict={['Name']: 'Zara', 'Age': 7}
```

以上实例将会报如下错误：

```
Traceback (most recent call last):
  File
"D:\Users\ThinkPad\Anaconda3\lib\site-packages\IPython\core\interactives
hell.py", line 2862, in run_code
    exec(code_obj, self.user_global_ns, self.user_ns)
  File "<ipython-input-57-aabe97632063>", line 1, in <module>
    dict={['Name']: 'Zara', 'Age': 7}
TypeError: unhashable type: 'list'
```

但如果修改为元组就可以执行：

```
>>> dict={('Name'): 'Zara', 'Age': 7}
>>> print("dict['Name']: ")
>>> dict[('Name')]
```

输出结果：

```
"dict['Name']: 'Zara'
```

4.3.5　字典常用内置函数和方法

Python 中的字典主要包含的内置函数如表 4-8 所示。

表 4-8　Python 中字典常用的内置函数

函　数　名　称	描　　　　　述
cmp(dict1, dict2)	比较两个字典元素
len(dict)	计算字典元素个数，即键的总数
str(dict)	输出字典可打印的字符串表示
type(variable)	返回输入的变量类型，如果变量是字典就返回字典类型

另外，Python 中字典还具有如表 4-9 所示的几种内置方法。

表 4-9　Python 中字典常用的内置方法

方　法　名　称	描　　　述
dict.clear()	删除字典内所有元素
dict.copy()	返回一个字典的浅复制①
dict.fromkeys(seq[, val])	创建一个新字典，以序列 seq 中元素做字典的键，val 为字典所有键对应的初始值
dict.get(key, default=None)	返回指定键的值，如果值不在字典中返回 default 值
dict.has_key(key)	如果键在字典 dict 里返回 true，否则返回 false
dict.items()	以列表返回可遍历的(键，值) 元组数组
dict.keys()	以列表返回一个字典所有的键
dict.setdefault(key, default=None)	和 get()类似，但如果键不存在于字典中，将会添加键并将值设为 default
dict.update(dict2)	把字典 dict2 的键-值对更新到 dict 中
dict.values()	以列表返回字典中的所有值
pop(key[,default])	删除字典给定键 key 所对应的值，返回值为被删除的值。key 值必须给出。 否则，返回 default 值
popitem()	随机返回并删除字典中的一对键和值

4.4　集　　合

Python 除了列表（list）、元组、字典（dictionary）等特殊数据类型外，还有一种数据类型——集合。集合最主要如特点是集合中的元素是无序的且不能重复，一般情况下集合常用的两类操作是：去重（如：列表去重）和关系测试（如取交集、取并集、取差集等）。

根据集合中的元素是否可变，可以将集合分为 set（可变集合）与 frozenset（冻结集合）。本节将介绍这两类集合的相关操作函数和方法。

4.4.1　可变集合

可变集合（set）无序排序且不重复，是可变的，具有 add( )、remove( )等方法。既然是可变的，所以它不存在哈希值。其基本功能包括关系测试和消除重复元素。集合对象还支持 union（联合）、intersection（交集）、difference（差集）和 sysmmetric difference（对称差集）等数学

---

① 浅复制是 Python 的一种复制变量的方法，它不重新分配内存地址，内容指向之前的内存地址。浅复制如果对象中有引用其他的对象，如果对这个子对象进行修改，子对象的内容就会发生更改。

运算。

set 支持 x in set、len(set)和 for x in set。作为一个无序的集合，set 不记录元素位置或者插入点。因此，set 不支持索引或序列类型的其他操作。

集合的常用方法如表 4-10 所示。

表 4-10 集合的常用方法

方 法 名 称	描 述
set( )	创建一个新的可变集合
add( )	在集合中增加一个新元素
remove( )	删除集合中一个指定的元素，如果没有该元素将报错
pop( )	随机删除并返回一个元素
discard( )	删除集合中一个指定的元素，若没有这个元素，则不做任何操作
clear( )	清空集合中的所有元素
copy( )	复制一个集合

1．创建一个集合

利用 set()可以创建一个可变集合。例如：

```
>>> s=set()    #创建一个空集合
>>> s
set()
>>> s=set('hello python')
>>> s
{' ', 'e', 'h', 'l', 'n', 'o', 'p', 't', 'y'}
```

因为集合元素具有唯一性，所以创建的集合将会自动合并重复的元素。

2．增加一个新的元素

利用 add( )可以在集合中增加一个新的元素，如果该元素在集合中存在，则集合不会变化。

```
>>> s=set(range(1,10))
>>> s
{1, 2, 3, 4, 5, 6, 7, 8, 9}
>>> s.add(10)
>>> s
{1, 2, 3, 4, 5, 6, 7, 8, 9,10}
>>> s.add(9)
>>> s
{1, 2, 3, 4, 5, 6, 7, 8, 9,10}
```

3．删除一个元素——remove( )

利用 remove( )删除集合对象中的一个元素，如果集合中没有这个元素将会报错，返回 KeyError。

```
>>> s
{1, 2, 3, 4, 5, 6, 7, 8, 9, 10}
>>> s.remove(9)
{1, 2, 3, 4, 5, 6, 7, 8, 10}
>>> s.remove(0)
Traceback (most recent call last):
    exec(code_obj, self.user_global_ns, self.user_ns)
  File "<ipython-input-96-0c1076833219>", line 1, in <module>
    s.remove(0)
KeyError: 0
```

4．删除一个元素——pop( )

利用 pop( )可以随机删除并返回一个集合中的元素，如果集合为空将会报错，返回 KeyError。

```
>>> t=set(['h','p'])
>>> t
{'h', 'p'}
>>> t.pop()
'p'
>>> t.pop()
'h'
>>> t.pop()
Traceback (most recent call last):
    exec(code_obj, self.user_global_ns, self.user_ns)
  File "<ipython-input-102-0a5da13a6539>", line 1, in <module>
    t.pop()
KeyError: 'pop from an empty set'
```

5．删除一个元素——discard( )

利用 discard( )删除集合中的一个元素，如果该元素不存在，不做任何操作，亦不会报错。

```
>>>t = set(['h','p','o',1,9])
>>>t.discard(9)
>>>t
{'p', 1, 'o', 'h'}
>>>t.discard(0)
>>>t
{'p', 1, 'o', 'h'}
```

6. 清空一个集合

利用 clear( )可以删除集合中的所有元素，使原集合变成空集，达到清空集合的目的。

```
>>>t.clear
>>>t
set()
```

7. 复制一个集合

利用 copy()可以复制一个可变集合。如果集合已存在元素，则 copy 后将覆盖原来集合中的元素。例如：

```
>>>s1=set([0,1,2,3])
>>>s1
{0, 1, 2, 3}
>>>s2=s1.copy()
>>>s2
{0, 1, 2, 3}
>>>s2.add(5)
>>>s2
{0, 1, 2, 3, 5}
>>>s1=s2.copy()
>>>s1
{0, 1, 2, 3, 5}
```

注意：因为 set()是一个可变的集合，其元素的数量是不固定的，所以有 add()、remove()方法。但也因为其可变性，所以 set()类型的对象没有散列值（哈希值），同时也不能作为字典对象的 key 和其他 set 对象的元素。

4.4.2　冻结集合

frozenset 是冻结的集合，其元素是固定的，一旦创建后就无法增加、删除和修改。它可以作为字典的 key，也可以作为其他集合的元素。其最大的优点是使用 hash 算法实现，所以执行速度快，如表 4-11 所示。

表 4-11　冻结集合方法

方　法　名　称	描　　　　述
frozenset( )	创建一个新的冻结集合
copy( )	复制一个冻结结合

1. 创建一个集合

利用 frozenset()可以创建一个固定的无序集合。例如：

```
>>> fs=frozenset()    #创建一个空集合
>>> fs
frozenset()
>>>fs=frozenset('hello python')
fs
>>> frozenset({' ', 'e', 'h', 'l', 'n', 'o', 'p', 't', 'y'})
```

冻结集合的元素也具有唯一性，所以创建的冻结集合将会自动合并重复的元素。

因为 frozenset 中的元素不能变化，所以没有 add()、remove()、pop()、discard()等，否则将报错误，返回 AttributeError。

```
>>>fs=frozenset('hello python')
>>>fs.add('a')
Traceback (most recent call last):
      exec(code_obj, self.user_global_ns, self.user_ns)
  File "<ipython-input-124-09a9d04c7ae3>", line 1, in <module>
    fs.add('a')
AttributeError: 'frozenset' object has no attribute 'add'
>>> fs.remove('e')
Traceback (most recent call last):
      exec(code_obj, self.user_global_ns, self.user_ns)
  File "<ipython-input-125-2abf14a61b62>", line 1, in <module>
    fs.remove('e')
AttributeError: 'frozenset' object has no attribute 'remove'
```

2. 复制一个集合

利用 copy()可以复制一个冻结集合。如果集合已存在元素，则复制后将覆盖原来集合中的元素。例如：

```
>>>s1=frozenset([0,1,2,3])
>>>s1
frozenset({0, 1, 2, 3})
>>>s2=s1.copy()
>>>s2
frozenset({0, 1, 2, 3})
>>>s3=frozenset('hello')
>>>s3
frozenset({'e', 'h', 'l', 'o'})
>>>s3=s2.copy()
>>>s3
frozenset({0, 1, 2, 3})
```

（1）集合包含一组无序的对象，可以使用 set()函数来像下面的方式一样来创建集合。

```
#创建一个数值集合
set1=set([1,2,3,4])
#创建一个字符集合，注意：从输出结果中会看到 1 只出现了一次
set2=set("HelloWorld!")
print('set1 %s' % set1)
print('set2 %s' % set2)
```

输出结果：

```
set1 {1, 2, 3, 4}
set2 {'d', 'o', 'e', 'H', 'l', 'W', 'r', '!'}
```

（2）去重，即可能在一些特殊的场景需要用到，实现去除掉列表中的重复元素。

```
#列表去重
list1=[3,3,3,4,5,3]
set1=set(list1)
print("list1 去重后的 set 集合: ",set1)
#将去重后的集合在转化成一个新列表
new_list=[i for i in set1]
print("list1 去重后的 list 列表: ",new_list)
```

输出结果：

```
list1 去重后的 set 集合:  {3, 4, 5}
list1 去重后的 list 列表:  [3, 4, 5]
```

（3）关系测试，即一些集合的最基本操作，如集合取交集、取并集、取差集、判断一个集合是不是另一个集合的子集或者父集等。

```
set1=set([1,2,3,4,5])
set2=set([3,4,5,6,7])
#取交集
set3=set1.intersection(set2)
# set3=set1 & ste2   #取交集，与 intersection()效果相同
print("set1 和 set2 的交集为: ",set3)
#取并集
set4=set1.union(set2)
#set4=set1 | set2   #取并集，与 union()效果相同
print("set1 和 set2 的交集为: ",set4)
#取差集
set5=set1.difference(set2)
#set5=set1-set2   #取差集，与 difference()效果相同
print("set1 与 set2 的差集为: ",set5)
set6=set2.difference(set1)
```

```
print("set2 与 set1 的差集为: ",set6)
#对称差集，即去掉两个集合的共同部分
set7=set1.symmetric_difference(set2)
#set7=set1^set2   #对称差集，与 symmetric_difference()效果相同
print("去掉两个集合的共同部分: ",set7)
#判断是否是 set1 是否是 set2 的子集
flag1=set1.issubset(set2)
print("print(判断是否是 set1 是否是 set2 的子集): ",flag1)
#判断是否是 set1 是否是 set2 的父集
flag2=set1.issuperset(set2)
print("判断是否是 set1 是否是 set2 的父集: ",flag2)
```

输出结果：

```
set1 和 set2 的交集为:    {3, 4, 5}
set1 和 set2 的交集为:    {1, 2, 3, 4, 5, 6, 7}
set1 与 set2 的差集为:    {1, 2}
set2 与 set1 的差集为:    {6, 7}
去掉两个集合的共同部分:    {1, 2, 6, 7}
print(判断是否是 set1 是否是 set2 的子集):    False
判断是否是 set1 是否是 set2 的父集:    False
```

（4）集合的一些其他基本操作。

```
#输出集合中的元素
#注意集合与列表和元组不同，集合是无序的，所以无法通过数字进行索引获取某一个元素的值
set1=set([1,2,3,4])
for i in set1:
    print (i)
#向集合中添加一个元素
set1.add(5)
print("向集合中添加一个元素 5 后: ",set1)
#删除一个元素
set1.remove(1)
print("从集合中删除元素 1 后: ",set1)
#计算集合的长度
l=len(set1)
print("集合的长度为: ",l)
#判断某个元素是否在集合内
flag1=2 in set1
print("判断元素 2 是否在集合内: ",flag1)
#断某个元素是否不在集合内
```

flag2=3 not in set1

print("判断元素 3 是否不在集合内: ",flag2)

#对集合进行一次浅复制

set2=set1.copy()

print("对集合进行一次浅复制: ",set2)

输出结果:

1

2

3

4

向集合中添加一个元素 5 后: {1, 2, 3, 4, 5}

从集合中删除元素 1 后: {2, 3, 4, 5}

集合的长度为:　4

判断元素 2 是否在集合内:　True

判断元素 3 是否不在集合内:　False

对集合进行一次浅复制: {2, 3, 4, 5}

以上是集合的一些比较常用操作的示例。

4.4.3　集合的操作

set 与 frozenset 类型的集合都支持集合之间的**比较**、**交**、**并**、**差**操作,类似数据的集合关系比较。但是需要注意的是:因为 frozenset 是不可变集合,所以下列函数中带有 "_update" 关键字的函数,frozenset 都不可以调用。

NOTE:带有_update 的函数,使用原位操作的方法实现,拥有更低的资源消耗。但是这样,函数是没有返回值的,即不能将结果赋值给一个新的变量。集合的常用操作如表 4-12 所示。

表 4-12　集合的常用操作

操　作　名　称	描　　　　述
intersection( )	返回一个由若干个集合经过交集运算后得到的新交集,可以传入 tuple、list、string、dictionary、set 等类型的参数。 （1）求集合之间、集合与列表或集合与元组之间交集。 （2）集合与字符串之间的交集（注意:只能与字符串中的字符进行相交运算,不能与 string 的数字做运算）。 （3）集合和字典求交集（注意:只能与字典中的 Key 进行相交运算）
intersection_update( )	更新一个经过相交后的集合给自己。 注意:当需要将两个对象相交后的结果更新给其中一个操作对象时,建议使用 intersection_update()函数,这个函数使用原位操作的方法实现,拥有更低的资源消耗。但是该函数没有返回值,不能将结果赋值给一个新的变量

续表

操　作　名　称	描　　　述
逻辑与运算符 &	求集合之间的交集
union( )	求集合之间的并集，有返回值
|	求集合之间的并集，有返回值
update( )	求集合之间的并集，无返回值
difference( )	求集合之间的差，有返回值
−	求集合之间的差，有返回值
difference_update( )	求集合之间的差，无返回值
symmetric_difference()	求集合彼此之差的并集 即返回(set1 − set2)|(set2 − set1)的结果，有返回值
^	求集合彼此之差的并集，即返回(set1 − set2)|(set2 − set1)的结果，有返回值
symmetric_difference_update()	求集合彼此之差的并集，即返回(set1 − set2)|(set2 − set1)的结果，无返回值
isdisjoint( )	如果两个集合不相交，返回 True，即 set1 & set2 == set( ) 时，为 True
issuperset( )	如果一个集合包含另一个集合，返回 True
issubset( )	如果一个集合包含于另一个集合中，返回 True

例如：

```
>>>set1=set(['a','b','c',0,1,2])
>>>set2=set(['b','c','d',0,2,6])
>>>set3=set(['b', 0,6,8])
>>>set4=set1.intersection(set2,set3)
{0, 'b'}
>>>set5=set1 & set2
{0, 2, 'c', 'b'}
>>>set1.intersection_update(set2)
{0, 2, 'c', 'b'}

>>>s1=set([1,2,3])
>>>s2=set([0,1,2,3,6])
>>>s2&(s1-s2)==set()
True
>>>s2.isdisjoint(s1)
False
>>>s2.isdisjoint(s1-s2)
```

```
True
>>>s2 .issuperset(s1)
True
>>>s1.issubset(s2)
True
```

小　　结

本章主要介绍了 Python 中的列表、元组、字典和集合等几种特殊数据类型，以及相应的基本操作。

习　　题

一、简答题

1. 简述列表、元组及字典三者之间的区别。

2. 举例并说明列表的常用操作。

3. 举例并说明元组的常用操作。

4. 举例并说明字典的遍历方法。

5. 简述 Python 中集合的类型。

二、上机操作题

1. 编写程序，创建一个列表，并遍历该列表的所有元素。

2. 设计一个字典，并编写程序，用户输入内容作为键，然后输出字典中对应的值，如果用户输入的键不存在，则输出"您输入的键不存在！"

第 5 章　函　　数

在设计较大程序时，往往将其分为若干个程序模块，每一个模块可以包括一个或多个函数，每个函数能够实现一个特定的功能。函数名应反映其代表的功能。使用函数可使程序清晰、精练、简单、灵活。本章主要介绍 Python 中函数的相关知识。

5.1　函数的概念

函数是具有一定结构，可重复使用，用以实现单一或相关联功能的代码段。函数能提高应用的模块性和代码的重复利用率。在前面章节所编写的示例代码中，已经使用了 Python 提供的一些内置函数，如 print( )、input( )等。除了 Python 自身提供的系统内置函数之外，用户也可以自己定义函数，并利用自定义函数完成相应的功能。

从用户使用的角度看，函数有两种：

（1）系统内置函数，它是由系统提供的，用户不必自己定义，可以直接使用它们。

（2）用户自己定义的函数。它是用以解决用户特定问题的函数，可以实现特定功能。

从函数的形式看，函数可以分为两类：

（1）无参函数。在调用无参函数时，主调函数不向被调用函数传递数据。

（2）有参函数。在调用函数时，主调函数在调用被调用函数时，通过参数向被调用函数传递数据。

5.2　函数的定义

在 Python 程序中用到的所有函数，必须"先定义，后使用"。用户可以根据需要自己定义能够实现特定功能的函数。

在定义一个函数时，一般包括以下几项内容：

（1）指定函数的名字，以便以后按名调用。

（2）指定函数的类型，即函数返回值的类型。

（3）指定函数的参数的名字和类型，以便在调用函数时向它们传递数据。对无参函数不需要此项。

（4）指定函数应当完成什么操作，也就是函数是做什么的，即函数的功能。这是最重要的，在函数体中完成。

在定义函数时，一般需要遵循以下几个规则：

（1）函数代码块一般以 def 关键词开头，后接函数标识符名称和圆括号()。

（2）任何传入参数和自变量必须放在圆括号中间。圆括号之间可以用于定义参数。

（3）函数的第一行语句可以选择性地使用"注释"，用于对函数的功能、使用方法、作者、时间等进行说明。

（4）函数内容以冒号起始，并且自动缩进。

（5）return [表达式] 结束函数，选择性地返回一个值给调用方。不带表达式的 return 相当于返回 None。

定义一个函数的一般性的语法格式如下：

```
def functionname( parameters ):
    "注释: 对函数进行说明"
    function_suite
    return [expression]
```

默认情况下，参数值和参数名称是按函数声明中定义的顺序匹配起来的。函数定义时的parameters 一般称为形式参数。

以下是一个简单的 Python 函数，它将一个字符串作为传入参数，再打印到标准显示设备上。

```
def myprint ( str ):
    "打印传入的字符串到标准显示设备上"
    print ("输入的字符串是",str)
    return
```

在函数定义后紧跟的字符串将被 Python 理解为注释说明语句，用户可以使用 help(函数名)将其显示出来。

```
help(printme)
```

输出结果：

```
printme(str)
```

打印传入的字符串到标准显示设备上。

代码示例：

```
def myprintstar():
  print('******')
>>> myprintstar()
******


def myadd(x,y):
```

```
x=x+y
return x
>>> myadd(1,2)
3
```

5.3 函数的调用

5.3.1 函数调用的形式

调用函数的一般形式是：函数名（实际参数）

通常在下面 3 种情况下进行函数的调用：

1．函数调用语句

把函数调用单独作为一个语句，如 myprintstar();。

这时不要求函数带回值，只要求函数完成一定的操作。

2．函数表达式

函数调用出现在另一个表达式中，如 c=myadd(a,b);。

这时要求函数带回一个确定的值以参加表达式的运算。

3．函数参数

函数调用作为另一个函数调用时的实参，如 d=add(a,add(b,c))。例如：

```
def myadd(x,y):
    x=x + y
    return x
myadd(2,3)
5
```

说明：

（1）在调用有参函数时，主调函数和被调函数之间有数据传递关系。

（2）在定义函数时函数名后面括号中的变量名称为"形式参数"（简称"形参"）或"虚拟参数"。

（3）在主调函数中调用一个函数时，函数名后面括号中的参数称为"实际参数"（简称"实参"）。实际参数可以是常量、变量或表达式，但要求它们有确定的值。

5.3.2 函数调用时的数据传递

一般来说，只能由实参传给形参，而不能由形参传给实参。实参和形参在内存中占有不同的存储单元，实参无法得到形参的值。例如：

```
def myadd(x,y):
```

```
    x=x+y
    return x
a,b=2,3
c=myadd(a,b)
```

这里，实参 a 将把值赋给函数中的形参 x，实参 b 将把值赋给函数中的形参 y。

5.3.3　函数调用的过程

函数调用过程的特点如下：

（1）在定义函数中指定的形参，在未出现函数调用时，它们并不占内存中的存储单元。在发生函数调用时，函数的形参才被临时分配内存单元。

（2）将实参的值传递给对应的形参。

（3）在执行函数期间，由于形参已经有值，因此可以利用形参进行有关的运算。

（4）通过 return 语句将函数值带回到主调函数。如果函数不需要返回值，则不需要 return 语句。

（5）调用结束，形参单元被释放。

注意：实参单元仍保留并维持原值，没有改变。如果在执行一个被调用函数时，形参的值发生改变，不会改变主调函数实参的值。因为实参与形参是两个不同的存储单元。

5.4　匿 名 函 数

Python 中可以使用关键字 lambda 来创建小型匿名函数。lambda 的主要特点如下：

（1）lambda 只是一个表达式，函数体比 def 简单很多。

（2）Lambda 函数能接收任何数量的参数，但只能返回一个表达式的值。

（3）匿名函数不能直接调用 print，因为 lambda 需要一个表达式。

（4）lambda 的主体是一个表达式，而不是一个代码块，仅仅能在 lambda 表达式中封装有限的逻辑。

（5）lambda 函数拥有自己的命名空间，且不能访问自有参数列表之外或全局命名空间中的参数。

（6）虽然 lambda 函数看起来只能写一行，却不等同于 C 或 C++的内联函数，后者的目的是调用只有两三行代码的函数时不占用栈内存从而增加运行效率。

lambda 函数的语法只包含一条语句，如下所示：

```
lambda [arg1 [,arg2,...argn]]:expression
```

例如：

```
# 函数说明: 实现两个数相加
sum=lambda arg1, arg2: arg1+arg2;
# 调用 sum() 函数
print ("输出相加后的数值: ", sum( 10, 20 ))
print ("输出相加后的数值: ", sum( 20, 60 ))
```

输出结果：

```
输出相加后的数值:  30
输出相加后的数值:  80
```

5.5　局部变量和全局变量

在程序中，每一个变量都有一个作用域，即它们在什么范围内有效。一个程序的所有变量并不是在哪个位置都可以访问的。访问权限决定于这个变量在哪里赋值。

变量的作用域决定了在哪一部分程序可以访问哪个特定的变量名称。两种最基本的变量作用域分别是局部变量和全局变量。

定义变量一般有 3 种情况：

（1）在函数的开头定义。

（2）在函数内的复合语句中定义。

（3）在函数的外部定义。

定义在函数内部的变量拥有一个局部作用域，定义在函数外的拥有全局作用域。

局部变量只能在其被声明的函数内部访问，而全局变量可以在整个程序范围内访问。调用函数时，所有在函数内声明的变量名称都将被加入到作用域中。

5.5.1　局部变量

在一个函数内部定义的变量只在本函数范围内有效，也就是说只有在本函数内才能引用它们，在此函数以外是不能使用这些变量的。在复合语句中定义的变量只在本复合语句范围内有效，只有在本复合语句内才能引用它们，在该复合语句以外是不能使用这些变量的。以上这些只能在程序的特定部分使用的变量称为"局部变量"。

（1）主函数中定义的变量也只在主函数中有效。主函数也不能使用其他函数中定义的变量。

（2）不同函数中可以使用同名的变量，它们代表不同的对象，互不干扰。

（3）形式参数也是局部变量，只在定义它的函数中有效。其他函数中不能直接引用形参。

（4）在一个函数内部，可以在复合语句中定义变量，这些变量只在本复合语句中有效，这种复合语句也称为"分程序"或"程序块"。

5.5.2　全局变量

　　程序的编译单位是源程序文件，一个源文件可以包含一个或若干个函数。在函数内定义的变量是局部变量，而在函数之外定义的变量称为外部变量，外部变量是全局变量(也称全程变量)。全局变量可以为同一个源程序文件中其他函数所共用，它的有效范围为从定义变量的位置开始到该源程序文件结束。如果希望在局部作用域中改变全局作用域的对象，必须使用 global 关键字。

　　设置全局变量的作用是增加了函数间数据联系的渠道。由于同一个源程序文件中的所有函数都能引用全局变量的值，因此如果在一个函数中改变了全局变量的值，就能影响到其他函数中全局变量的值。相当于各个函数间有直接的传递通道。由于函数的调用只能带回一个函数返回值，因此有时可以利用全局变量来增加函数间的联系渠道，通过函数调用能得到一个以上的值。为了便于区别全局变量和局部变量，在设计程序时可以将全局变量名的第一个字母用大写表示。例如：

```
GlobalInt=9
#定义一个函数
def myAdd():
    localInt=3
    global Gi
    gi=7
#在函数中定义一个局部变量 localInt
    return globalInt+localInt
#测试变量的局部性和全局性
print (myAdd())
print (GlobalInt)
print (Gi)
print (localInt)
```

全局变量的使用也存在以下几方面的问题：

（1）全局变量在程序的全部执行过程中都占用存储单元，而不是仅在需要时才开辟单元。

（2）全局变量将会降低函数的通用性，因为如果在函数中引用了全局变量，那么执行情况会受到有关的外部变量的影响，如果将一个函数移到另一个文件中，还要考虑把有关的外部变量及其值一起移过去。但是，当该外部变量与其他文件的变量同名时，就会出现问题。这就降低了程序的可靠性和通用性。在程序设计中，在划分模块时要求模块的"内聚性"强，与其他模块的"耦合性"弱。即模块的功能要单一（不要把许多互不相干的功能放到一个模块中），与其他模块的相互影响要尽量少，而用全局变量是不符合这个原则的。设计程序时，一般要求把程序中的函数做成一个相对的封闭体，除了可以通过"实参—形参"的渠道与外界发生联系外，没有其他渠道。这样的程序移植性好，可读性强。

（3）使用全局变量过多，会降低程序的清晰性，人们往往难以清楚地判断出每个瞬时各个外部变量的值。由于在各个函数执行时都可能改变外部变量的值，程序容易出错。

因此，在编程时要限制使用全局变量，在非必要的情况下不使用全局变量。

5.6　Python 常用内置函数

Python 常用的内置函数如下：

（1）abs(x)：abs()函数返回一个数字的绝对值。如果给出复数，返回值就是该复数的模。

（2）callable(object)：callable()函数用于测试对象是否可调用，如果可用则返回 1（真）；否则返回 0（假）。可调用对象包括函数、方法、代码对象、类和已经定义了"调用"方法的类实例。

（3）cmp(x,y)：cmp()函数比较 x 和 y 两个对象，并根据比较结果返回一个整数。如果 x<y，则返回-1；如果 x>y，则返回 1；如果 x==y，则返回 0。

（4）isinstance(object,class-or-type-or-tuple) -> bool 测试对象类型 isinstance(a,str)：内置函数 isinstance( )有两个参数，第一个参数是待检测的对象，第二个参数是对象类型，可以是单个类型，也可以是元组，返回的是 bool 类型。如果待检测对象属于第二个参数，则返回 True；否则，返回 False。

（5）dir()函数：不带参数时，返回当前范围内的变量、方法和定义的类型列表；带参数时，返回参数的属性、方法列表。如果参数包含方法__dir__()，该方法将被调用。如果参数不包含__dir__()，该方法将最大限度地收集参数信息。

说明：在方法的开头结尾加上双下画线，表示该方法是 Python 自己调用的，程序员不要调用。例如，程序员可以调用 len()函数来求长度，其实在后台是 Python 调用了__len__()方法。一般来说，程序员应该使用 len，而不是直接使用__len__()。

（6）divmod(x,y)：函数完成除法运算，返回商和余数。

（7）pow(x,y[,z])：pow()函数返回以 x 为底、y 为指数的幂。如果给出 z 值，该函数就计算 x 的 y 次幂值被 z 取模的值。

（8）len(object) -> integer：len()函数返回字符串和序列的长度。

（9）min(x[,y,z...])：返回序列或参数的最小值。

（10）max(x[,y,z...])：返回序列或参数的最大值。

（11）range([lower,]stop[,step])：range()函数可按参数生成连续的有序整数列表。

（12）round(x[,n])：round()函数返回浮点数 x 的四舍五入值，如给出 n 值，则代表舍入到小数点后的位数。

（13）type(obj)：type()函数可返回对象的数据类型。

（14）float(x)：把一个数字或字符串转换成浮点数。

（15）filter(function,list)：调用 filter()时，它会把一个函数应用于序列中的每个项，并返回该函数返回真值时的所有项，从而过滤掉返回假值的所有项。

（16）map(function,list[,list])：map()函数把一个函数应用于序列中的所有项，并返回一个列表。

（17）reduce(function,seq[,init])：reduce()函数获得序列中前两个项，并把它传递给提供的函数，获得结果后再取序列中的下一项，连同结果再传递给函数，依此类推，直到处理完所有项为止。

（18）zip(seq[,seq,...])：zip()函数可把两个或多个序列中的相应项合并在一起，并以元组的格式返回它们，在处理完最短序列中的所有项后就停止。

（19）hex(x)：把整数转换成十六进制数。

（20）oct(x)：把整数转换成八进制数。

（21）int(x[,base])：把数字和字符串转换成一个整数，base 为可选的基数。

（22）complex(real[,imaginary])：complex()函数可把字符串或数字转换为复数，即complex("2+1j")与 complex(2,1)是一样的，却表示是一个总数（2+1j）。

（23）chr(i)：chr()函数返回 ASCII 码对应的字符串。

（24）ord(x)：ord()函数返回一个字符串参数的 ASCII 码或 Unicode 值。

（25）str(obj)：str()函数把对象转换成可打印的字符串。

（26）list(x)：list()函数可将序列对象转换成列表。

（27）tuple(x)：tuple()函数把序列对象转换成元组。

小　结

本章主要介绍了函数的基本概念，介绍了 Python 语言中函数的定义和调用过程，以及常用的内置函数。

习　题

一、简答题

1. Python 中的函数是什么？什么是主调函数和被调函数？二者之间的关系是什么？

2. 简述全局变量和局部变量。

3. 简述函数在调用时的数据传递的过程。

4. 简述匿名函数的主要特点。

二、上机操作题

1. 编写函数，把华氏温度按照公式转换为摄氏温度（$C = 5 (F-32) /9$）。编写程序调用该函数，提示用户输入一个华氏温度，按照上述公式转换后，输出相应的摄氏温度值。

2. 编写函数，判断输入的自然数是否是质数，编写程序调用该函数实现相应的输入和输出。

3. 编写函数，计算两个整数的最大公约数和最小公倍数，编写程序调用该函数实现相应的输入和输出。

4. 编写函数，计算 Fibonacci 计数，编写程序调用该函数实现相应的输入和输出。

$$F_n = F_{n-1} + F_{n-2} \ (n>2), \ F_1 = F_2 =1$$

第6章 模 块

模块（module）是 Python 中最高级别的程序组织单元，它将程序代码和数据封装起来以便重用。模块是一组 Python 代码的集合，可以使用其他模块，也可以被其他模块使用。

6.1 模块的概念

Python 模块也是一个 Python 文件，以.py 结尾，包含 Python 对象定义和 Python 语句。

模块的主要作用：

（1）有逻辑地组织 Python 代码段。

（2）相关的代码分配到一个模块中更好用，更易懂。

（3）能定义函数、类和变量，也能包含可执行的代码。

下面是一个简单的模块 support.py：

```
def print_func( par ):
    print "Hello:", par
    return
```

当一个模块被第一次输入时，这个模块的主块将被运行。假如只想在程序本身被使用时运行主块，而在它被别的模块输入时不运行主块，可以通过模块的__name__属性完成。

每个 Python 模块都有它的__name__属性，如果它是'__main__'，这说明这个模块被用户单独运行。

6.2 模块的导入

当导入一个模块时，Python 解析器对模块位置的搜索顺序是：

（1）当前目录。

（2）如果不在当前目录，Python 则搜索在 shell 变量 PYTHONPATH 下的每个目录。

（3）如果都找不到，Python 会查看默认路径。UNIX 下，默认路径一般为/usr/local/lib/python/。

模块搜索路径存储在 system 模块的 sys.path 变量中。变量中包含当前目录、PYTHONPATH 和由安装过程决定的默认目录。

Python 提供了 3 种方法导入已经定义好的模块。

1．import 语句

```
import module1[, module2[,... moduleN]
```

例如，要引用模块 math，就可以在文件最开始的地方用 import math 来引入。在调用 math 模块中的函数时，必须这样引用：

模块名.函数名

当解释器遇到 import 语句时，如果模块在当前的搜索路径就会被导入。一个模块只会被导入一次，不管执行了多少次 import。这样可以防止导入模块被一遍又一遍地执行。

搜索路径是指解释器会先进行搜索的所有目录的列表。如想要导入模块 support.py，需要把命令放在脚本的顶端：

```
# 导入模块
import support
# 现在可以调用模块中包含的函数
support.print_func("Python fans")
```

输出结果：

```
Hello: Python fans
```

2．from...import 语句

Python 的 from 语句可从模块中导入指定的部分到当前命名空间中。语法如下：

```
from modname import name1[, name2[, ... nameN]]
```

例如，要导入模块 fib 的 fibonacci 函数，使用如下语句：

```
from fib import Fibonacci
```

3．from...import * 语句

可以把一个模块的所有内容（除了那些以下画线开头的名字符号）全都导入到当前的命名空间，只需使用如下声明：

```
from modname import *
```

例如，想一次性引入 math 模块中所有的东西，语句如下：

```
from math import *
```

注意：这种声明不建议被过多地使用，因为不清楚导入了什么符号，有可能覆盖自己定义的东西。

内建函数 dir()可以查看模块定义了什么名字（包括变量名、模块名、函数名等）：dir(模块名)，没有参数时返回所有当前定义的名字。例如：

```
import random
print dir(random)
['BPF', 'LOG4', 'NV_MAGICCONST', 'RECIP_BPF', 'Random', 'SG_MAGICCONST',
 'SystemRandom', 'TWOPI', 'WichmannHill', '_BuiltinMethodType', '_Method
```

```
Type', '__all__', '__builtins__', '__doc__', '__file__', '__name__', '__
package__', '_acos', '_ceil', '_cos', '_e', '_exp', '_hashlib', '_hexlif
y', '_inst', '_log', '_pi', '_random', '_sin', '_sqrt', '_test', '_test_
generator', '_urandom', '_warn', 'betavariate', 'choice', 'division', 'e
xpovariate', 'gammavariate', 'gauss', 'getrandbits', 'getstate', 'jumpah
ead', 'lognormvariate', 'normalvariate', 'paretovariate', 'randint', 'ra
ndom', 'randrange', 'sample', 'seed', 'setstate', 'shuffle', 'triangular
', 'uniform', 'vonmisesvariate', 'weibullvariate']
```

6.3　模块的发布

用户自己编写的函数，为了方便下一次使用，可以做成模块并发布。

例如： 文件名为 myPrintList.py。

```
#encoding=utf8
```
"""这是 myPrintList 模块，提供了一个名为 myPrintList() 的函数，这个函数的作用是打印列表，其中有可能包含嵌套列表"""

```
def myPrintList(lists):
```
　　"""这个函数取一个位置参数，名为 lists，这可以是任何 Python 列表（也可以是包含嵌套列表的列表），所指定的列表中的每个数据项会（递归的）输出到屏幕上，各数据项占一行"""

```
    for each_item in lists:
        if isinstance(each_item,list):
            print_list(each_item)
        else:
            print(each_item)
```

然后，准备 setup.py 文件，在这个文件中包含有关发布的元数据。

```
from distutils.core import setup
setup(
    name="myPrintList",
    version="1.0.0",
    py_modules=['myPrintList'],
    author="***",
    author_email="*******",
    description="一个简单的打印列表模块"
)
```

把 print_list.py 与 setup.py 放在同一个目录下，并且在这个目录下执行 python3 setup.py sdist

构建一个发布文件。

```
python3 setup.py sdist
running sdist
running check
warning: sdist: manifest template 'MANIFEST.in' does not exist (using default
file list)
warning: sdist: standard file not found: should have one of README, README.txt
writing manifest file 'MANIFEST'
creating print_list-1.0.0
making hard links in print_list-1.0.0...
hard linking myPrintList.py ->myPrintList-1.0.0
hard linking setup.py -> myPrintList-1.0.0
creating dist
Creating tar archive
removing 'myPrintList-1.0.0' (and everything under it)
```

6.4　模块的安装

如果是安装用户自己定义的模块，可以采用如下命令：

```
python setup.py install
```

如果是安装第三方模块，一般是通过 setuptools 这个工具完成。Python 有两个封装了 setuptools 的包管理工具：easy_install 和 pip。目前官方推荐使用 pip。

在命令提示符窗口下尝试运行 pip，如果 Windows 提示未找到命令，可以重新运行安装程序添加 pip。

下面安装一个第三方库——Python Imaging Library，这是 Python 下非常强大的处理图像的工具库。一般来说，第三方库都会在 Python 官方的 pypi.python.org 网站注册，要安装一个第三方库，必须先知道该库的名称，可以在官网上搜索，例如 Python Imaging Library 的名称叫 PIL，因此，安装 Python Imaging Library 的命令就是：

```
pip install PIL
```

6.5　Python 中的标准库模块

Python 中的标准库模块是 Python 自带的函数模块，通常是由专业开发人员预先设计好的，用户可以在安装了标准 Python 后，通过导入命令来引入所需要的模块。Python 具有丰富的标准库模块，包括：数学运算、字符串处理、网络编程、图形绘制、图形用户界面开发等，为 Python 应用程序的开发提供了便利。

小　　结

模块是 Python 中一项重要内容，本章主要介绍了模块的概念以及导入、发布和安装的过程。

习　　题

一、简答题

1. 在 Python 中导入模块中的对象有哪几种方式？

2. 请写出使用 pip 命令安装第三方模块的语句。

二、上机操作题

1. 编写一个模块，其中包含摄氏温度和华氏温度相互转换的两个函数，然后导入该模块并调用其中的函数。

2. 编写一个模块，完成模块的发布和安装过程。

第**7**章 文 件 操 作

Python 提供了基本的功能和必要的默认操作文件的方法，可使用一个 file 对象来做大部分的文件操作。

7.1　文件的定义

文件（file）有不同的类型，在程序设计中，主要用到两种文件：

（1）程序文件：例如，C 语言中，程序文件就包括了源程序文件（扩展名为.c）、目标文件（扩展名为.obj）、可执行文件（扩展名为.exe）等，这种文件的内容是程序代码。而 Python 语言中的程序文件，一般是指以.py 为扩展名的文件。

（2）数据文件：文件的内容不是程序，而是供程序运行时读/写的数据，如在程序运行过程中输出到磁盘（或其他外部设备）的数据，或在程序运行过程中供读入的数据。例如，一批学生的成绩数据、货物交易的数据等。

为了简化用户对输入/输出设备的操作，使用户不必去区分各种输入/输出设备之间的区别，操作系统把各种设备都统一作为文件来处理。从操作系统的角度看，每一个与主机相连的输入/输出设备都看作一个文件。例如，终端键盘是输入文件，显示屏和打印机是输出文件。

文件一般指存储在外部介质上数据的集合。操作系统是以文件为单位对数据进行管理的。

输入/输出是数据传送的过程，数据如流水一样从一处流向另一处，因此常将输入/输出形象地称为流（stream），即数据流。流表示了信息从源到目的端的流动。在输入操作时，数据从文件流向计算机内存，在输出操作时，数据从计算机流向文件（如打印机、磁盘文件）。

在设计程序时，通常可以把文件看作一个字符（或字节）的序列，即由逐个字符（或字节）的数据顺序组成。一个输入/输出流就是一个字符流或字节（内容为二进制数据）流。

7.2　文件的打开和关闭

7.2.1　文件打开

对文件进行读/写之前应该"打开"该文件，在使用结束之后应"关闭"该文件。所谓"打开"是指为文件建立相应的信息区（用来存放有关文件的信息）和文件缓冲区（用来暂时存放输入/输出的数据）。所谓"关闭"是指撤销文件信息区和文件缓冲区，之后将无法进行对文件的读/写操作。

在读取或写入一个文件之前，必须使用 Python 内置的 open()函数将其打开。该函数将创建一个 file 对象，这将被用来调用与它相关的其他支持方式。

基本语法：

```
file object=open(file_name [, access_mode][, buffering])
```

下面是参数的详细信息：

（1）file_name：文件名（file_name）参数是包含要访问的文件名的字符串值。

（2）access_mode：指定该文件已被打开，即读、写、追加等方式。其可选的模式如表 7-1 所示，默认文件访问模式是读（r）。

表 7-1　access_mode 的可选模式

模式	描　　　　　　述
r	打开一个文件为只读模式，文件指针位于文件开头
rb	打开一个文件以二进制格式进行读取，文件指针位于文件开头
r+	打开一个文件，可以读和写，文件指针位于文件开头
rb+	打开一个文件，可以二进制格式进行读和写，文件指针位于文件开头
w	打开一个文件为只写模式。如果文件存在，则覆盖该文件；如果不存在，则创建新文件
wb	打开一个文件以二进制格式进行读取。如果文件存在，则覆盖该文件；如果不存在，则创建新文件
w+	打开一个文件为写入和读取模式。如果文件存在，则覆盖现有文件；否则，创建新文件
wb+	打开一个文件以二进制格式写入和读取模式。如果文件存在，则覆盖现有文件；否则，创建新文件
a	打开用于追加的文件。文件指针位于该文件的末尾。如果该文件不存在，则创建一个新的用于写入的文件
ab	打开文件用于追加二进制格式内容。文件指针位于该文件的末尾。如果该文件不存在，则创建一个新的用于写入的文件
a+	打开文件为追加和读取模式。文件指针位于该文件的末尾
ab+	打开文件用于追加二进制格式内容。文件指针位于该文件的末尾。如果该文件不存在，则创建一个新的用于写入的文件

（3）buffering：如果该缓冲值被设置为 0，则表示不使用缓冲；如果该缓冲值是 1，则在访问一个文件时进行缓冲。如果指定缓冲值大于 1 的整数，缓冲使用所指示的缓冲器大小进行；如果是负数，缓冲区大小是系统默认的（默认行为）。

通常，文件以文本的形式打开，这意味着，从文件读出和向文件写入的字符串会被特定的编码方式（默认是 UTF-8）编码。

模式后面可以追加参数"b"表示以二进制模式打开文件：数据会以字节对象的形式读出和写入。这种模式应该用于所有不包含文本的文件。在文本模式下，读取时默认会将占平台有关的行结束符（UNIX 上是 \n，Windows 上是\r\n）转换为\n。在文本模式下写入时，默认会将出现的\n 转换成与平台有关的行结束符。这种默认的修改对 ASCII 文本文件没有影响，但会损坏 JPEG 或 EXE 这样的二进制文件中的数据。使用二进制模式读/写此类文件时要特别小心。

一旦文件被打开，就会有一个文件对象，就可以得到有关该文件的各种信息。

（1）file.closed：如果文件被关闭返回 true，否则为 false。

（2）file.mode：返回文件打开访问模式。

（3）file.name：返回文件名。

例如：

```
# Open a file
f=open("myfile.txt", "wb")
print("Name of the file: ", f.name)
print("Closed or not: ", f.closed)
print("Opening mode: ", f.mode)
f.close()
print("Closed or not: ", f.closed)
```

输出结果：

```
Name of the file: f.txt
Closed or not:  False
Opening mode:  wb
Closed or not:  True
```

7.2.2　文件关闭

打开的文件在执行完所需要的操作后，可以使用 close()来关闭该文件（上面的代码已经使用），释放存储空间。

```
# 打开一个文件
f=open("foo.txt", "r",encoding= 'UTF-8')
# 关闭打开的文件
f.close()
```

当用户处理完一个文件后，调用 f.close()来关闭文件并释放系统的资源，如果尝试再调用该文件，则会抛出异常。

```
>>> f.close()
>>> f.read()
Traceback (most recent call last):
```

```
  File "<stdin>", line 1, in ?
ValueError: I/O operation on closed file
```

当处理一个文件对象时，使用 with 关键字是非常好的方式。在结束后，它会帮你正确地关闭文件，而且写起来也比 try ... finally 语句块要简短：

```
>>> with open('/tmp/foo.txt', 'r') as f:
...   read_data=f.read()
>>> f.closed
True
```

7.3　文件的写入和读取

file 对象提供了一系列方法，能更轻松地访问文件。下面看一下如何使用 read() 和 write() 方法来读取和写入文件。

7.3.1　写入文件

write() 方法可将任何字符串写入一个打开的文件。需要重点注意的是，Python 字符串可以是二进制数据，而不仅是文字。write() 方法不会在字符串的结尾添加换行符('\n')。

基本语法：

`fileObject.write(string)`

在此，被传递的参数 string 是要写入到已打开文件的内容，也会返回写入的字符数。

```
# 打开一个文件
f=open("myfile.txt", "w",encoding="UTF-8")
num=f.write( "Python 是一种非常好的语言。\n 是的，的确非常好!!\n" )
print(num)
# 关闭打开的文件
f.close()
```

执行以上程序，输出结果：

```
29
```

打开 myfile.txt，其内容如下：

```
Python 是一种非常好的语言。
是的，的确非常好!!
```

如果要写入一些不是字符串的内容，需要先进行转换：

```
# 打开一个文件
f=open("foo.txt", "w",encoding="UTF-8")
value=('www.gpnu.edu.cn', 666)
s=str(value)
```

```
f.write(s)
# 关闭打开的文件
f.close()
```

执行以上程序，打开 myfile.txt 文件：

```
('www.gpnu.edu.cn', 666)
```

7.3.2　读取文件

假设已经创建了一个名为 f 的 file 对象。Python 有 3 种读取文件的方法：read()、readline() 和 readlines()。

1．read()

read()方法从一个打开的文件中读取一个字符串。需要重点注意的是，Python 字符串可以是二进制数据，而不仅是文字。

基本语法：

```
fileObject.read([count])
```

在此，被传递的参数是要从已打开文件中读取的字节计数。该方法从文件的开头开始读入，如果没有传入 count，它会尝试尽可能多地读取更多的内容，很可能是直到文件的末尾。

为了读取一个文件的内容，调用 f.read(size)，这将读取一定数目的数据，然后作为字符串或字节对象返回。其中，size 是一个可选的数字类型的参数。当 size 被忽略或者为负时，该文件的所有内容都将被读取并且返回。

以下实例假定文件 myfile.txt 已存在且内容如下：

```
Hello World!
Hello Python!
```

实例代码：

```
# 打开一个文件
f=open("myfile.txt", "r",encoding='UTF-8')
str=f.read()
print(str)
# 关闭打开的文件
f.close()
```

输出结果：

```
Hello World!
Hello Python!
```

2．f.readline()

f.readline() 会从文件中读取单独的一行，换行符为 '\n'。f.readline() 如果返回一个空字符串，说明已经读取到最后一行。例如：

```
# 打开一个文件
f=open("myfile.txt", "r",encoding= 'UTF-8')
str=f.readline()
print(str)
# 关闭打开的文件
f.close()
```

输出结果：

```
Hello World!
```

3. f.readlines()

f.readlines() 将返回该文件中包含的所有行。如果设置可选参数 sizehint，则读取指定长度的字节，并且将这些字节按行分割。例如：

```
# 打开一个文件
f=open("myfile.txt", "r",encoding='UTF-8')
str=f.readlines()
print(str)
# 关闭打开的文件
f.close()
```

输出结果：

```
['Hello World! \n', 'Hello Python! ']
```

另一种方式是迭代一个文件对象然后读取每行。例如：

```
# 打开一个文件
f=open("myfile.txt", "r",encoding="UTF-8")
for line in f:
    print(line, end='')
# 关闭打开的文件
f.close()
```

输出结果：

```
Hello World!
Hello Python!
```

这种方法很简单，但是并没有提供一个很好的控制。因为两者的处理机制不同，最好不要混用。

7.4　其 他 操 作

7.4.1　文件定位

tell()方法返回文件对象当前所处的位置，它是从文件开头开始算起的字节数，下一次的读/

写会发生在文件开头这么多字节之后。例如：

```
# 打开一个文件
f=open("myfile.txt", "r+")
str=f.read(10)
print "读取的字符串是: ", str
# 查找当前位置
position=f.tell()
print("当前文件位置: ", position)
# 关闭打开的文件
f.close()
```

seek（offset [,from]）方法改变当前文件的位置。其中，offset 变量表示要移动的字节数；from 变量指定开始移动字节的参考位置。如果 from 被设为 0，这意味着将文件的开头作为移动字节的参考位置。如果设为 1，则使用当前的位置作为参考位置；如果它被设为 2，则该文件的末尾将作为参考位置。

from 的值，如果是 0 表示开头；如果是 1 表示当前位置；如果是 2 表示文件的结尾。例如：

（1）seek(x,0)：从起始位置即文件首行首字符开始移动 x 个字符。

（2）seek(x,1)：表示从当前位置往后移动 x 个字符。

（3）seek(-x,2)：表示从文件的结尾往前移动 x 个字符。

from 的值为默认为 0，即文件开头。

下面给出一个完整的例子：

```
>>> f=open('foo.txt', 'rb+')
>>> f.write(b'0123456789abcdef')
16
>>> f.seek(5)          # 移动到文件的第六个字节
5
>>> f.read(1)
b'5'
>>> f.seek(-3, 2)     # 移动到文件的倒数第三字节
13
>>> f.read(1)
b'd'
```

在文本文件中（打开文件的模式下没有 b 的），只会相对于文件起始位置进行定位。例如：

```
# 打开一个文件
f=open("myfile.txt", "r+")
str=f.read(10)
print "读取的字符串是: ", str
# 查找当前位置
```

```
position=f.tell()
print ("当前文件位置 : ", position)
# 把指针再次定位到文件开头
position=f.seek(0, 0)
str=f.read(10)
print ("重新读取字符串 : ", str)
# 关闭打开的文件
fo.close()
```

7.4.2　重命名和删除文件

Python 的 os 模块提供了执行文件处理操作的方法，如重命名和删除文件。要使用这个模块，用户必须事先导入，然后才可以调用相关的各种功能。

1. rename()方法

rename()方法需要两个参数：当前的文件名和新文件名。

基本语法：

```
os.rename(current_file_name, new_file_name)
```

例如，重命名一个已经存在的文件 test1.txt。

```
import os
# 重命名文件 test1.txt 到 test2.txt
os.rename( "test1.txt", "test2.txt" )
```

2. remove()方法

用户可以用 remove()方法删除文件，需要提供要删除的文件名作为参数。

基本语法：

```
os.remove(file_name)
```

例如，删除一个已经存在的文件 test2.txt。

```
import os
# 删除一个已经存在的文件 test2.txt
os.remove("test2.txt")
```

7.4.3　目录操作

所有文件都包含在各个不同的目录下，但 Python 能轻松地进行处理。os 模块有许多方法能创建、删除和更改目录。

1. mkdir()方法

可以使用 os 模块的 mkdir()方法在当前目录下创建新的目录。此时，需要提供一个包含要创建的目录名称的参数。

语法：

```
os.mkdir("newdir")
```

例如，在当前目录下创建一个新目录 test。

```
import os
# 创建目录 test
os.mkdir("test")
```

2．chdir()方法

可以用 chdir()方法来改变当前的目录。chdir()方法需要一个参数用于设成当前目录的目录名称。

语法：

```
os.chdir("newdir")
```

例如，进入"/home/newdir"目录。

```
import os
# 将当前目录改为"/home/newdir"
os.chdir("/home/newdir")
```

3．getcwd()方法

getcwd()方法显示当前的工作目录。

语法：

```
os.getcwd()
```

例如，给出当前目录：

```
import os
# 给出当前的目录
print os.getcwd()
```

4．rmdir()方法

rmdir()方法用于删除目录，目录名称以参数传递。在删除目录之前，它的所有内容应该先被清除。

语法：

```
os.rmdir('dirname')
```

例如，删除"/tmp/test"目录。目录的名称必须被给出，否则会在当前目录下搜索该目录。

```
import os
# 删除"/tmp/test"目录
os.rmdir( "/tmp/test" )
```

小　　结

本章主要介绍了文件的相关操作，包括文件的定义、打开、关闭以及读/写等操作。通过本章的学习，需要掌握以下内容：

（1）文件的概念、分类及各种文件的特点。

（2）对文件进行操作的基本步骤：打开文件、对文件的读/写操作、关闭文件。

（3）掌握文件的打开和关闭的常用方法。

（4）掌握文件读/写操作函数的使用。

习　　题

一、简答题

1. 简述文件的类型及特点。

2. 简述文件在打开后必须关闭的原因。

3. 简述 Python 提供的读取文件的不同方法。

4. 简述在 Python 如何实现文件的重命名和删除。

二、上机操作题

1. 编写程序，将一个文本文件中的内容合并到另外一个文本文件中。

2. 编写程序实现以下功能：

（1）从键盘输入一串字符，以"#"结束，并保存到文本文件中。

（2）统计文件中的字符个数，并将字符个数也同时保存到文件中。

3. 假设有一个英文文本文件，编写程序读取其内容，并将其中的大写字母变为小写字母，小写字母变为大写字母。

4. 从键盘输入一个十进制的整数，将该整数转换成二进制数后存在二进制文件中，再将该文件中保存的数据输出到屏幕上。

第 8 章 异 常 处 理

异常即是一个事件，该事件会在程序执行过程中发生，影响了程序的正常执行。一般情况下，在 Python 无法正常处理程序时就会发生一个异常。异常是 Python 对象，表示一个错误。当 Python 脚本发生异常时需要捕获处理它，否则程序会终止执行。

8.1 异常的类型

Python 有两种错误很容易辨认：语法错误和异常。

1. 语法错误

Python 的语法错误也可称为解析错。例如：

```
>>>while True print('Hello world')
   File "<ipython-input-1-614901b0e5ee>", line 1
   while True print('Hello world')
SyntaxError: invalid syntax
```

上面这个例子中，函数 print()被检查到有错误，是它前面缺少了一个冒号（:）。语法分析器指出了出错的一行，并且在最先找到的错误的位置标记了一个小小的箭头。

2. 异常

即使 Python 程序的语法是正确的，在运行它时，也有可能发生错误。运行期检测到的错误称为异常。

大多数的异常都不会被程序处理，都以错误信息的形式展现在这里：

```
>>>10 * (1/0)
-----------------------------------------------------------------Z
eroDivisionError                      Traceback (most recent call last)
<ipython-input-2-9ce172bd90a7> in <module>()
----> 1 10 * (1/0)
ZeroDivisionError: integer division or modulo by zero
```

上面这个例子报了异常 ZeroDivisionError，表示"除零错误"。

Python 提供的主要异常如表 8-1 所示。

表 8-1 Python 提供的主要异常

异 常 名 称	描　　　述
BaseException	所有异常的基类
SystemExit	解释器请求退出
eyboardInterrupt	用户中断执行（通常是输入^C）
Exception	常规错误的基类
StopIteration	迭代器没有更多的值
GeneratorExit	生成器（generator）发生异常来通知退出
StandardError	所有的内建标准异常的基类
ArithmeticError	所有数值计算错误的基类
FloatingPointError	浮点计算错误
OverflowError	数值运算超出最大限制
ZeroDivisionError	除（或取模）零（所有数据类型）
AssertionError	断言语句失败
AttributeError	对象没有这个属性
EOFError	没有内建输入，到达 EOF 标记
EnvironmentError	操作系统错误的基类
IOError	输入/输出操作失败
OSError	操作系统错误
WindowsError	系统调用失败
ImportError	导入模块/对象失败
LookupError	无效数据查询的基类
IndexError	序列中没有此索引（index）
KeyError	映射中没有这个键
MemoryError	内存溢出错误（对于 Python 解释器不是致命的）
NameError	未声明/初始化对象（没有属性）
UnboundLocalError	访问未初始化的本地变量
ReferenceError	弱引用（Weak reference）试图访问已经被垃圾回收了的对象
RuntimeError	一般的运行时错误

异　常　名　称	描　　　述
NotImplementedError	尚未实现的方法
SyntaxError	Python 语法错误
IndentationError	缩进错误
TabError	Tab 和空格混用
SystemError	一般的解释器系统错误
TypeError	对类型无效的操作
ValueError	传入无效的参数
UnicodeError	Unicode 相关的错误
UnicodeDecodeError	Unicode 解码时的错误
UnicodeEncodeError	Unicode 编码时错误
UnicodeTranslateError	Unicode 转换时错误
Warning	警告的基类
DeprecationWarning	关于被弃用的特征的警告
FutureWarning	关于构造将来语义会有改变的警告
OverflowWarning	旧的关于自动提升为长整型（long）的警告
PendingDeprecationWarning	关于特性将会被废弃的警告
RuntimeWarning	可疑的运行时行为的警告
SyntaxWarning	可疑的语法的警告
UserWarning	用户代码生成的警告

8.2　异常的捕获及处理

1. try....except 语句

捕捉异常可以使用 try....except 语句，它用来检测 try 语句块中的错误，从而让 except 语句捕获异常信息并进行处理。

如果不想在异常发生时结束程序，只需在 try 中捕获它即可。

以下为简单的 try....except...else 的语法：

```
try:
<语句>        #运行别的代码
```

```
except <名字>:
<语句>          #如果在 try 部分引发了'name'异常
except <名字>, <数据>:
<语句>          #如果引发了'name'异常, 获得附加的数据
else:
<语句>          #如果没有异常发生
```

try 的工作原理是, 当开始一个 try 语句后, Python 就在当前程序的上下文中做标记, 这样当出现异常时就可以回到这里, try 子句先执行, 接下来会发生什么依赖于执行时是否出现异常。

(1) 如果当 try 后的语句执行时发生异常, Python 就跳回到 try 并执行第一个匹配该异常的 except 子句, 异常处理完毕后, 控制流就通过整个 try 语句 (除非在处理异常时又引发新的异常)。

(2) 如果在 try 后的语句中发生了异常, 却没有匹配的 except 子句, 异常将被递交到上层的 try, 或者到程序的最上层 (这样将结束程序, 并打印默认的出错信息)。

(3) 如果在 try 子句执行时没有发生异常, Python 将执行 else 语句后的语句 (如果有 else 的话), 然后控制流通过整个 try 语句。

下面是简单的例子, 它打开一个文件, 在该文件中写入内容, 且并未发生异常:

```
try:
    fh=open("testfile", "w")
    fh.write("这是一个测试文件, 用于测试异常!!")
except IOError:
    print "Error: 没有找到文件或读取文件失败"
else:
    print "内容写入文件成功"
    fh.close()
```

输出结果:

```
$ python test.py
内容写入文件成功
$ cat testfile          # 查看写入的内容
这是一个测试文件, 用于测试异常!!
```

下面是简单的例子, 它打开一个文件, 在该文件中写入内容, 但文件没有写入权限, 发生了异常:

```
try:
    fh=open("testfile", "w")
    fh.write("这是一个测试文件, 用于测试异常!!")
except IOError:
    print "Error: 没有找到文件或读取文件失败"
else:
```

```
print "内容写入文件成功"
fh.close()
```

在执行代码前为了测试方便，可以先去掉 testfile 文件的写权限，命令如下：

```
chmod -w testfile
```

再执行以上代码：

```
$ python test.py
Error: 没有找到文件或读取文件失败
```

用户可以不带任何异常类型使用 except。例如：

```
try:
    正常的操作
    ...
except:
    发生异常，执行这块代码
    ...
else:
    如果没有异常执行这块代码
```

以上 try...except 语句捕获所有发生的异常，但这不是一个很好的方式，我们不能通过该程序识别出具体的异常信息。

用户也可以使用相同的 except 语句来处理多个异常信息，如下所示：

```
try:
    正常的操作
    ...
except(Exception1[, Exception2[,...ExceptionN]]):
    发生以上多个异常中的一个，执行这块代码
    ...
else:
    如果没有异常执行这块代码
```

2. try...finally 语句

try...finally 语句无论是否发生异常都将执行最后的代码。

```
try:
<语句>
finally:
<语句>      #退出 try 时总会执行
raise
```

例如：

```
try:
```

```
        fh=open("testfile", "w")
        fh.write("这是一个测试文件，用于测试异常!!")
finally:
    print "Error: 没有找到文件或读取文件失败"
```

如果打开的文件没有可写权限，输出结果如下：

```
    $ python test.py
Error: 没有找到文件或读取文件失败
```

同样的例子也可以写成如下方式：

```
#!/usr/bin/python
# -*- coding: UTF-8 -*-
try:
    fh=open("testfile", "w")
    try:
        fh.write("这是一个测试文件，用于测试异常!!")
    finally:
        print "关闭文件"
        fh.close()
except IOError:
    print "Error: 没有找到文件或读取文件失败"
```

当在 try 块中抛出一个异常时，立即执行 finally 块代码。

finally 块中的所有语句执行后，异常被再次触发，并执行 except 块代码。

3．异常的参数

一个异常可以带上参数，可作为输出的异常信息参数。

可以通过 except 语句来捕获异常的参数，如下所示：

```
try:
    正常的操作
    ...
except ExceptionType, Argument:
    你可以在这里输出 Argument 的值...
```

变量接收的异常值通常包含在异常的语句中。在元组的表单中变量可以接收一个或者多个值。

元组通常包含错误字符串、错误数字、错误位置。

例如，以下为单个异常的实例：

```
# 定义函数
def temp_convert(var):
    try:
```

```
        return int(var)
    except ValueError, Argument:
        print "参数没有包含数字\n", Argument
# 调用函数
temp_convert("xyz");
```

输出结果：

```
$ python test.py
```

参数没有包含数字

```
invalid literal for int() with base 10: 'xyz'
```

4．触发异常

可以使用 raise 语句自己触发异常。raise 语法格式如下：

```
raise [Exception [, args [, traceback]]]
```

语句中 Exception 是异常的类型（例如，NameError）参数标准异常中任一种，args 是自己设置的异常参数。

最后一个参数是可选的（在实践中很少使用），如果存在，是跟踪异常对象。

一个异常可以是一个字符串、类或对象。Python 内核提供的异常，大多数都是实例化的类，这是一个类的实例的参数。

定义一个异常非常简单，例如：

```
def functionName( level ):
    if level<1:
        raise Exception("Invalid level!", level)
        # 触发异常后，后面的代码就不会再执行
```

注意：为了能够捕获异常，except 语句必须用相同的异常来抛出类对象或者字符串。

例如，捕获以上异常，except 语句如下所示：

```
try:
    正常逻辑
except Exception,err:
    触发自定义异常
else:
    其余代码
```

例如：

```
# 定义函数
def mye( level ):
    if level<1:
        raise Exception,"Invalid level!"
```

```
    # 触发异常后，后面的代码就不会再执行
try:
    mye(0)                # 触发异常
except Exception,err:
    print 1,err
else:
    print 2
```

执行以上代码，输出结果为：

```
$ python test.py
1 Invalid level!
```

5. 用户自定义异常

通过创建一个新的异常类，可以命名自己的异常。异常应该是典型地继承自 Exception 类，通过直接或间接的方式。

以下为与 RuntimeError 相关的实例，实例中创建了一个类，基类为 RuntimeError，用于在异常触发时输出更多的信息。

在 try 语句块中，用户自定义的异常后执行 except 语句块，变量 e 是用于创建 Networkerror 类的实例。

```
class Networkerror(RuntimeError):
    def __init__(self, arg):
        self.args=arg
```

在用户定义以上类后，将可以触发该异常，如下所示：

```
try:
    raise Networkerror("Bad hostname")
except Networkerror,e:
    print e.args
```

异常处理代码执行说明：

```
#This is note foe exception
try:
    code    #需要判断是否会抛出异常的代码，如果没有异常处理，Python 会直接停止执行程序
except: #这里会捕捉到上面代码中的异常，并根据异常抛出异常处理信息
#except ExceptionName, args: #同时可以接收异常名称和参数，针对不同形式的异常进行
    code    #这里执行异常处理的相关代码，打印输出等
else:      #如果没有异常则执行 else
    code    #try 部分被正常执行后执行的代码
finally:
    code    #退出 try 语句块总会执行的程序
```

```
#函数中做异常检测
def try_exception(num):
  try:
    return int(num)
  except ValueError,arg:
    print arg,"is not a number"
  else:
    print "this is a number inputs"
try_exception('xxx')
#输出异常值
Invalide literal for int() with base 10: 'xxx' is not a number
```

小 结

本章主要介绍了异常的类型以及相关处理方法。需要重点掌握异常的捕获和处理方法，同时也需要了解 Python 提供的异常类型，通过不同的异常类型来改进程序设计。

习 题

一、简答题

1. 什么是异常？

2. Python 中关于异常的处理主要有哪些方法？

3. 简述 try....except 和 try....finally 两种语句的不同。

二、上机操作题

编写程序实现整除程序的异常处理。

第9章 面向对象程序设计

面向对象编程（Object Oriented Programming，OOP）是一种程序设计思想。OOP 把对象作为程序的基本单元，一个对象包含了数据和操作数据的函数。

面向过程的程序设计把计算机程序视为一系列的命令集合，即一组函数顺序执行。为了简化程序设计，面向过程把函数继续切分为子函数，从而降低程序的复杂度。

面向对象的程序设计把计算机程序视为一组对象的集合，而每个对象都可以接收其他对象发过来的消息，并处理这些消息，计算机程序的执行就是一系列消息在各个对象之间传递。

Python 从设计之初就已经是一门面向对象的语言，正因为如此，在 Python 中创建一个类和对象是很容易的。本章将详细介绍 Python 的面向对象编程。

9.1 面向对象的基本概念

类（Class）：用来描述具有相同属性和方法的对象的集合。它定义了该集合中每个对象所共有的属性和方法。对象是类的实例。

类变量：类变量在整个实例化的对象中是公用的，它定义在类中且在函数体之外。类变量通常不作为实例变量使用。

数据成员：类变量或者实例变量，用于处理类及其实例对象的相关的数据。

方法重写：如果从父类继承的方法不能满足子类的需求，可以对其进行改写，这个过程叫作方法的覆盖（override），也称为方法的重写。

实例变量：定义在方法中的变量，只作用于当前实例的类。

继承：即一个派生类（derived class）继承基类（base class）的字段和方法。继承也允许把一个派生类的对象作为一个基类对象对待。例如，有这样一个设计：一个 Dog 类型的对象派生自 Animal 类，这是模拟"是一个（is-a）"关系。

实例化：创建一个类的实例，类的具体对象。

方法：类中定义的函数。

对象：通过类定义的数据结构实例。对象包括两个数据成员（类变量和实例变量）和方法。

9.2　类的声明及对象的创建

9.2.1　声明类

面向对象最重要的概念就是类（class）和实例（instance），必须牢记类是抽象的模板，例如 Student 类，而实例是根据类创建出来的一个个具体的对象，每个对象都拥有相同的方法，但各自的数据可能不同。

以 Student 类为例，在 Python 中，定义类是通过 class 关键字：

```
class Student(object):
    pass
```

class 后面紧接着是类名，即 Student，类名通常是大写开头的单词，紧接着是(object)，表示该类是从哪个类继承下来的。通常，如果没有合适的继承类，就使用 object 类，这是所有类最终都会继承的类。

9.2.2　创建对象

定义好了 Student 类，就可以根据 Student 类创建出 Student 的实例，创建实例是通过类名+()实现的：

```
>>> bart=Student()
>>> bart
<__main__.Student object at 0x10a67a590>
>>> Student
<class '__main__.Student'>
```

可以看到，变量 bart 指向的就是一个 Student 的实例，后面的 0x10a67a590 是内存地址，每个 object 的地址都不一样，而 Student 本身则是一个类。

可以自由地给一个实例变量绑定属性，例如，给实例 bart 绑定一个 name 属性：

```
>>> bart.name='Bart Simpson'
>>> bart.name
'Bart Simpson'
```

由于类可以起到模板的作用，因此，可以在创建实例时，把一些必须绑定的属性强制填写进去。通过定义一个特殊的__init__()方法，在创建实例时，就把 name、score 等属性绑定上去：

```
class Student(object):
    def __init__(self, name, score):
        self.name=name
        self.score=score
```

注意：特殊方法 "__init__()" 前后分别有两个下画线!!!

注意到__init__()方法的第一个参数永远是 self，表示创建的实例本身，因此，在__init__()方法内部，就可以把各种属性绑定到 self，因为 self 就指向创建的实例本身。

有了__init__()方法，在创建实例时，就不能传入空的参数，必须传入与__init__()方法匹配的参数，但 self 不需要传，Python 解释器会把实例变量传进去：

```
>>> bart=Student('Bart Simpson', 59)
>>> bart.name
'Bart Simpson'
>>> bart.score
59
```

和普通的函数相比，在类中定义的函数只有一点不同，就是第一个参数永远是实例变量 self，并且，调用时，不用传递该参数。除此之外，类的方法和普通函数没有什么区别，所以，仍然可以用默认参数、可变参数、关键字参数和命名关键字参数。

9.2.3 访问限制

在类内部，可以有属性和方法，而外部代码可以通过直接调用实例变量的方法来操作数据，这样，就隐藏了内部的复杂逻辑。

但是，从前面 Student 类的定义来看，外部代码还是可以自由地修改一个实例的 name、score 属性：

```
>>> bart=Student('Bart Simpson', 59)
>>> bart.score
59
>>> bart.score=99
>>> bart.score
99
```

如果要让内部属性不被外部访问，可以把属性的名称前加上两个下画线__，在 Python 中，实例的变量名如果以 "__" 开头，就变成了一个私有变量（private），只有内部可以访问，外部不能访问，所以，把 Student 类改一下：

```
class Student(object):
    def __init__(self, name, score):
        self.__name=name
        self.__score=score
    def print_score(self):
        print('%s: %s' % (self.__name, self.__score))
```

改完后，对于外部代码来说，没什么变动，但是已经无法从外部访问实例变量.__name 和实例变量.__score：

```
>>> bart=Student('Bart Simpson', 59)
```

```
>>> bart.__name
Traceback (most recent call last):
  File "<stdin>", line 1, in <module>
AttributeError: 'Student' object has no attribute '__name'
```

这样就确保了外部代码不能随意修改对象内部的状态，这样通过访问限制的保护，代码更加健壮。

但是，如果外部代码要获取 name 和 score 怎么办？可以给 Student()类增加 get_name()和 get_score 这样的方法：

```
class Student(object):
    ...
    def get_name(self):
        return self.__name
    def get_score(self):
        return self.__score
```

如果又要允许外部代码修改 score 怎么办？可以再给 Student 类增加 set_score()方法：

```
class Student(object):
    ...
    def set_score(self, score):
        self.__score=score
```

最后注意下面的这种错误写法：

```
>>> bart=Student('Bart Simpson', 59)
>>> bart.get_name()
'Bart Simpson'
>>> bart.__name='New Name' # 设置__name 变量!
>>> bart.__name
'New Name'
```

表面上看，外部代码"成功"地设置了__name 变量，但实际上这个__name 变量和 class 内部的__name 变量不是一个变量！内部的__name 变量已经被 Python 解释器自动改成了 _Student__name，而外部代码给 bart 新增了一个__name 变量。

```
>>> bart.get_name()           # get_name()内部返回 self.__name
'Bart Simpson'
```

9.3 封　　装

```
>>> def print_score(std):
...     print('%s: %s' % (std.name, std.score))
...
```

```
>>> print_score(bart)
Bart Simpson: 59
```

但是，既然 Student 实例本身就拥有这些数据，要访问这些数据，就没有必要从外面的函数去访问，可以直接在 Student 类的内部定义访问数据的函数，这样，就把"数据"给封装起来。这些封装数据的函数是和 Student 类本身关联起来的，称为类的方法：

```
class Student(object):
    def __init__(self, name, score):
        self.name=name
        self.score=score
    def print_score(self):
        print('%s: %s' % (self.name, self.score))
```

要定义一个方法，除了第一个参数是 self 外，其他和普通函数一样。要调用一个方法，只需要在实例变量上直接调用，除了 self 不用传递外，其他参数正常传入：

```
>>> bart.print_score()
Bart Simpson: 59
```

这样一来，从外部看 Student 类，就只需要知道创建实例需要给出 name 和 score，而如何打印，都是在 Student 类的内部定义的，这些数据和逻辑被"封装"起来，调用很容易，但却不用知道内部实现的细节。

封装的另一个好处是可以给 Student 类增加新的方法，如 get_grade()：

```
class Student(object):
    ...
    def get_grade(self):
        if self.score>=90:
            return 'A'
        elif self.score>=60:
            return 'B'
        else:
            return 'C'
```

同样，get_grade()方法可以直接在实例变量上调用，不需要知道内部实现细节：

```
class Student(object):
    def __init__(self, name, score):
        self.name=name
        self.score=score
    def get_grade(self):
        if self.score>=90:
            return 'A'
        elif self.score>=60:
            return 'B'
        else:
            return 'C'
lisa=Student('Lisa', 99)
bart=Student('Bart', 59)
```

```
print(lisa.name, lisa.get_grade())
print(bart.name, bart.get_grade())
```

9.4　继　承

在 OOP 程序设计中，当定义一个类时，可以从某个现有的类继承，新的类称为子类，而被继承的类称为基类、父类或超类。

例如，已经编写了一个名为 Animal 的类，有一个 run() 方法可以直接打印：

```
class Animal(object):
    def run(self):
        print('Animal is running...')
```

当需要编写 Dog 和 Cat 类时，就可以直接从 Animal 类继承：

```
class Dog(Animal):
    pass
class Cat(Animal):
    pass
```

对于 Dog 来说，Animal 就是它的父类，对于 Animal 来说，Dog 就是它的子类。Cat 和 Dog 类似。

继承有什么好处？最大的好处是子类获得了父类的全部功能。由于 Animial 实现了 run() 方法，因此，Dog 和 Cat 作为它的子类，就自动拥有了 run() 方法：

```
dog=Dog()
dog.run()
cat=Cat()
cat.run()
```

输出结果：

```
Animal is running...
Animal is running...
```

当然，也可以对子类增加一些方法，如 Dog 类：

```
class Dog(Animal):
    def run(self):
        print('Dog is running...')
    def eat(self):
        print('Eating meat...')
```

继承的第二个好处是可以对代码做一些改进。无论是 Dog 还是 Cat，运行 run() 时，显示的都是 "Animal is running..."，符合逻辑的做法是分别显示 "Dog is running..." 和 "Cat is running..."，因此，对 Dog 和 Cat 类改进如下：

```
class Dog(Animal):
```

```
        def run(self):
            print('Dog is running...')
class Cat(Animal):
        def run(self):
            print('Cat is running...')
```

再次运行，结果如下：

```
Dog is running...
Cat is running...
```

当子类和父类都存在相同的 run()方法时，子类的 run()覆盖了父类的 run()，在代码运行时，总是会调用子类的 run()。这样，就获得了继承的另一个好处——多态。

要理解什么是多态，首先要对数据类型再做一点说明。当定义一个类时，实际上就定义了一种数据类型。定义的数据类型和 Python 自带的数据类型，如 str、list、dict 没什么两样：

```
a=list()    # a 是 list 类型
b=Animal()  # b 是 Animal 类型
c=Dog()     # c 是 Dog 类型
```

判断一个变量是否是某个类型可以用 isinstance()判断：

```
>>> isinstance(a, list)
True
>>> isinstance(b, Animal)
True
>>> isinstance(c, Dog)
True
```

此时 a、b、c 对应着 list、Animal、Dog 这 3 种类型。

```
>>> isinstance(c, Animal)
True
```

c 不仅仅是 Dog，c 还是 Animal。因为 Dog 是从 Animal 继承下来的，当创建了一个 Dog 的实例 c 时，我们认为 c 的数据类型是 Dog 没错，但 c 同时也是 Animal 也没错，Dog 本来就是 Animal 的一种。

所以，在继承关系中，如果一个实例的数据类型是某个子类，那它的数据类型也可以被看作是父类。但是，反过来就不行：

```
>>> b=Animal()
>>> isinstance(b, Dog)
False
```

Dog 可以看成 Animal，但 Animal 不可以看成 Dog。

要理解多态的好处，还需要再编写一个函数，这个函数接收一个 Animal 类型的变量：

```
def run_twice(animal):
```

```
        animal.run()
        animal.run()
```

当传入 Animal 的实例时，执行 run_twice()就打印出：

```
>>> run_twice(Animal())
Animal is running...
Animal is running...
```

当传入 Dog 的实例时，执行 run_twice()就打印出：

```
>>> run_twice(Dog())
Dog is running...
Dog is running...
```

当传入 Cat 的实例时，执行 run_twice()就打印出：

```
>>> run_twice(Cat())
Cat is running...
Cat is running...
```

现在，如果再定义一个 Tortoise 类，也从 Animal 派生：

```
class Tortoise(Animal):
    def run(self):
        print('Tortoise is running slowly...')
```

当执行 run_twice()时，传入 Tortoise 的实例：

```
>>> run_twice(Tortoise())
Tortoise is running slowly...
Tortoise is running slowly...
```

9.5　多　　态

如果新增一个 Animal 的子类，不必对 run_twice()做任何修改，实际上，任何依赖 Animal 作为参数的函数或者方法都可以不加修改地正常运行，原因就在于多态。

多态的好处就是，当需要传入 Dog、Cat、Tortoise……时，只需要接收 Animal 类型即可以，因为 Dog、Cat、Tortoise……都是 Animal 类型，然后，按照 Animal 类型进行操作即可。由于 Animal 类有 run()方法，因此，传入的任意类型，只要是 Animal 类或者子类，就会自动调用实际类型的 run()方法，这就是多态的意思。

对于一个变量，只需要知道它是 Animal 类型，无须确切地知道它的子类型，就可以放心地调用 run()方法，而具体调用的 run()方法是作用在 Animal、Dog、Cat 还是 Tortoise 对象上，由运行时该对象的确切类型决定，这就是多态真正的威力：调用方只管调用，不管细节，而当新增一种 Animal 的子类时，只要确保 run()方法编写正确，不用管原来的代码是如何调用的。这就是著名的"开闭"原则：

（1）对扩展开放：允许新增 Animal 子类。

（2）对修改封闭：不需要修改依赖 Animal 类型的 run_twice() 等函数。

继承还可以一级一级地继承下来，就好比从爷爷到爸爸、再到儿子这样的关系。而任何类，最终都可以追溯到根类 object，这些继承关系看上去就像一颗倒着的树，称为继承树，如图 9-1 所示。

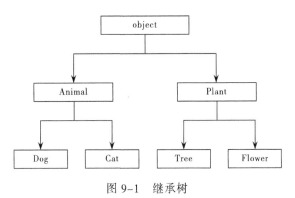

图 9-1 继承树

小 结

本章主要介绍了 Python 面向对象程序设计相关的知识，需要重点掌握类的声明方式以及封装、继承、多态方面的知识。

习 题

一、简答题

1. 简述类和对象的定义，说明二者之间的关系。

2. 在 Python 中如何定义类和对象？

3. 简述继承和派生的定义。

4. 简述多态的定义及其作用。

二、上机操作题

1. 编写程序，包含类 Person、TestPerson，具体要求如下：

（1）类 Person。

① 属性：

name: String 对象，表示姓名。

sex: String 对象，表示性别。

id: String 对象，表示身份证号。

email: String 对象，表示 E-mail 地址。

② 方法:

Person( ): 构造方法。

SetEmail(): 设置 E-mail 地址。

setPhone(): 设置联系电话。

toString(): 返回个人的各项信息，包括上述各属性。

（2）类 TestPerson 作为主类，完成如下测试功能:

① 用以下信息生成一个 Person 对象 aPerson。

姓名: 李一

性别: 男

身份证号: 22341120001016××××

② 设置 E-mail: aaa@mail.com。

③ 输出对象 aPerson 的各项信息。

2. 定义一个学生类，要求: 包含属性"姓名"和"总人数"，包含方法"显示学生姓名"和"显示总人数"，编写程序并进行验证。

第 **10** 章 常用扩展库

Python 是一门开源语言，其在数据科学行业扮演着越来越重要的角色，其中许多优秀的扩展库发挥了非常大的作用。本章主要介绍一些常用的扩展库，包括 NumPy、SciPy、Pandas、Matplotlib、Scikit-learn 等。

10.1 NumPy 简介

NumPy 是使用 Python 进行科学计算的基础包。它包含一个强大的 N 维数组对象，具有复杂的广播功能，提供了用于集成 C / C ++和 Fortran 代码的工具。除了可见的科学用途外，NumPy 还可以用作通用数据的高效多维容器。另外，通过定义任意数据类型，可以使 NumPy 能够无缝快速地与各种数据库集成。

10.1.1 NumPy 数组

标准的 Python 中用列表保存一组值，可以当作数组使用。但由于列表的元素可以是任何对象，因此列表中保存的是对象的指针。对于数值运算来说，这种结构显然比较浪费内存和 CPU。Python 提供了 array 模块，它和列表不同，能直接保存数值，但是由于它不支持多维数组，也没有各种运算函数，因此也不适合做数值运算。NumPy 的诞生弥补了这些不足，NumPy 提供了两种基本的对象：ndarray 和 ufunc。ndarray（下文统一称为数组）是存储单一数据类型的多维数组，而 ufunc 则是能够对数组进行处理的函数。本书将主要介绍 ndarray。

函数库的导入：

```
import numpy as np
```

可以使用 NumPy 直接创建数组。

```
>>> a=np.array([1, 2, 3, 4])
>>> b=np.array((5, 6, 7, 8))
>>> c=np.array([[1, 2, 3, 4],[4, 5, 6, 7], [7, 8, 9, 10]])
>>> b
array([5, 6, 7, 8])
>>> c
array([[1, 2, 3, 4],
       [4, 5, 6, 7],
```

```
            [7, 8, 9, 10]])
```

数组的元素类型可以通过 dtype 属性来获得：

```
>>> c.dtype
dtype('int32')
```

数组的大小可以通过其 shape 属性获得：

```
>>> a.shape        #一维数组
(4,)
>>> c.shape        #二维数组其中第 0 轴的长度为 3，第 1 轴的长度为 4
(3, 4)
```

可以通过修改数组的 shape 属性，在保持数组元素个数不变的情况下，改变数组每个轴的长度。

>>> c.shape = 4,3：注意从（3,4）改为（4,3）并不是对数组进行转置，而只是改变每个轴的大小，数组元素在内存中的位置并没有改变：

```
>>> c
array([[ 1, 2, 3],
       [ 4, 4, 5],
       [ 6, 7, 7],
       [ 8, 9, 10]])
```

>>> c.shape = 2,−1：当某个轴的元素为−1 时，将根据数组元素的个数自动计算此轴的长度，因此下面的程序将数组 c 的 shape 改为了(2,6)。

```
>>> c
array([[ 1, 2, 3, 4, 4, 5],
[ 6, 7, 7, 8, 9, 10]])
```

>>> d = a.reshape((2,2))：使用数组的 reshape()方法，可以创建一个改变了尺寸的新数组，原数组的 shape 保持不变。

```
>>> d
array([[1, 2],
[3, 4]])
>>> a
array([1, 2, 3, 4])
```

上面的例子都是先创建一个 Python 序列，然后通过 array()函数将其转换为数组，NumPy 提供了很多专门用来创建数组的函数。

arrange()函数类似于 Python 的 range()函数，通过指定开始值、终值和步长来创建一维数组，注意数组不包括终值：

```
>>> np.arange(0,1,0.1)
array([ 0. , 0.1, 0.2, 0.3, 0.4, 0.5, 0.6, 0.7, 0.8, 0.9])
```

linspace()函数通过指定开始值、终值和元素个数来创建一维数组，可以通过 endpoint 关键字指定是否包括终值，默认设置包括终值：

```
>>> np.linspace(0, 1, 10)                # 步长为 1/9
array([ 0.  , 0.11111111, 0.22222222, 0.33333333, 0.44444444,0.55555556,
0.66666667, 0.77777778, 0.88888889, 1. ])
>>> np.linspace(0, 1, 10, endpoint=False) # 步长为 1/10
array([ 0.  , 0.1, 0.2, 0.3, 0.4, 0.5, 0.6, 0.7, 0.8, 0.9])
```

zeros()、ones()、empty()可以创建指定形状和类型的数组。

```
>>> np.empty((2,3),np.int)       #只分配内存，不对其进行初始化
array([[ 32571594, 32635312, 505219724],
       [ 45001384, 1852386928, 665972]])
>>> np.zeros(4, np.float)        #元素类型默认为 np.float，因此这里可以省略
array([ 0., 0., 0., 0.])
```

NumPy 数组元素的存取方法和 Python 的标准方法相同：

```
>>> a=np.arange(10)
>>> a[5]              # 用整数作为下标可以获取数组中的某个元素
5
>>> a[3:5]           # 用范围作为下标获取数组的一个切片，包括 a[3]不包括 a[5]
array([3, 4])
>>> a[:5]            # 省略开始下标，表示从 a[0]开始
array([0, 1, 2, 3, 4])
>>> a[:-1]           # 下标可以使用负数，表示从数组后往前数
array([0, 1, 2, 3, 4, 5, 6, 7, 8])
>>> a[2:4]=100,101 # 下标还可以用来修改元素的值
>>> a
array([ 0, 1, 100, 101, 4, 5, 6, 7, 8, 9])
>>> a[1:-1:2]       # 范围中的第三个参数表示步长，2 表示隔一个元素取一个元素
array([ 1, 101, 5, 7])
>>> a[::-1]         # 省略范围的开始下标和结束下标，步长为-1，整个数组头尾颠倒
array([ 9, 8, 7, 6, 5, 4, 101, 100, 1, 0])
>>> a[5:1:-2]       # 步长为负数时，开始下标必须大于结束下标
array([ 5, 101])
```

和 Python 的列表序列不同，通过下标范围获取的新的数组是原始数组的一个视图。它与原始数组共享同一块数据空间：

```
>>> b=a[3:7]         # 通过下标范围产生一个新的数组 b，b 和 a 共享同一块数据空间
>>> b
array([101, 4, 5, 6])
>>> b[2]=-10         # 将 b 的第 2 个元素修改为-10
```

```
>>> b
array([101, 4, -10, 6])
>>> a  # a 的第 5 个元素也被修改为 10
array([ 0, 1, 100, 101, 4, -10, 6, 7, 8, 9])
```

除了使用下标范围存取元素之外，NumPy 还可以使用整数序列和布尔数组存取元素。

（1）使用整数序列存取元素。

当使用整数序列对数组元素进行存取时，将使用整数序列中的每个元素作为下标，整数序列可以是列表或者数组。使用整数序列作为下标获得的数组不和原始数组共享数据空间。

```
>>> x=np.arange(10,1,-1)
>>> x
array([10, 9, 8, 7, 6, 5, 4, 3, 2])
>>> x[[3, 3, 1, 8]]  # 获取 x 中的下标为 3，3，1，8 的 4 个元素，组成一个新的数组
array([7, 7, 9, 2])
>>> b=x[np.array([3,3,-3,8])]   #下标可以是负数
>>> b[2]=100
>>> b
array([7, 7, 100, 2])
>>> x                           # 由于 b 和 x 不共享数据空间，因此 x 中的值并没有改变
array([10, 9, 8, 7, 6, 5, 4, 3, 2])
>>> x[[3,5,1]]=-1, -2, -3       # 整数序列下标也可以用来修改元素的值
>>> x
array([10, -3, 8, -1, 6, -2, 4, 3, 2])
```

（2）使用布尔数组存取元素。

当使用布尔数组 b 作为下标存取数组 x 中的元素时，将收集数组 x 中所有在数组 b 中对应下标为 True 的元素。使用布尔数组作为下标获得的数组不和原始数组共享数据空间，注意这种方式只对应于布尔数组，不能使用布尔列表。

```
>>> x=np.arange(5,0,-1)
>>> x
array([5, 4, 3, 2, 1])
>>> x[np.array([True, False, True, False, False])]
>>> # 布尔数组中下标为 0，2 的元素为 True，因此获取 x 中下标为 0，2 的元素
array([5, 3])
>>> x[[True, False, True, False, False]]
>>> # 如果是布尔列表，则把 True 当作 1，False 当作 0，按照整数序列方式获取 x 中的元素
array([4, 5, 4, 5, 5])
>>> x[np.array([True, False, True, True])]
>>> # 布尔数组的长度不够时，不够的部分都当作 False
```

```
array([5, 3, 2])
>>> x[np.array([True, False, True, True])]=-1, -2, -3
>>> # 布尔数组下标也可以用来修改元素
>>> x
array([-1, 4, -2, -3, 1])
```

10.1.2　NumPy 基本运算

NumPy 还提供了大量对数组进行处理的函数，充分利用这些函数，能够简化程序的逻辑，提高运算速度。

1. sum()函数

sum()计算数组元素之和，也可以对列表、元组等和数组类似的序列进行求和。当数组是多维时，它计算数组中所有元素的和：

```
>>> a=np.random.randint(0,10,size=(4,5))
>>> a
array([[7, 1, 9, 6, 3],
       [5, 1, 3, 8, 2],
       [9, 8, 9, 4, 0],
       [9, 5, 1, 7, 0]])
>>> np.sum(a)
97
```

如果指定 axis 参数，求和运算将沿着指定的轴进行。在上面的例子中，数组 a 的第 0 轴长度为 4，第 1 轴长度为 5。如果 axis 参数为 1，就对每行上的 5 个数求和，所得的结果是长度为 4 的一维数组。如果参数 axis 为 0，就对每列上的 4 个数求和，结果是长度为 5 的一维数组。即结果数组的形状是原始数组的形状除去其第 axis 个元素：

```
>>> np.sum(a,axis=1)
array([26, 19, 30, 22])
>>> np.sum(a, axis=0)
array([30, 15, 22, 25, 5])
```

2. mean()函数

mean()用于求数组的平均值，也可以通过 axis 参数指定求平均值的轴，通过 out 参数指定输出数组。与 sum()不同的是，对于整数数组，它使用双精度浮点数进行计算，而对于其他类型的数组，则使用和数组元素类型相同的累加变量进行计算：

```
>>>np.mean(a,axis=1)      #整数数组使用双精度浮点数进行计算
array([ 5.2, 3.8, 6. , 4.4])
>>> np.mean(b)            #单精度浮点数使用单精度浮点数进行计算
1.1109205
```

```
>>> np.mean(b, dtype=np.double) #用双稍度浮点数计算平均值
1.1000000238418579
```

除此之外，average()也可以对数组进行平均计算。它没有 out 和 dtype 参数，但有一个指定每个元素权值的 weights 参数。std()和 var()分别计算数组的标准差和方差，有 axis、out 及 dtype 等参数。

此外，还可以使用 ravel()和 transpose()等函数来更改数组的形状：

```
>>> a1=floor(10*random.random((3,4)))
>>> a1
 array([[ 7., 5., 9., 3.],
        [ 7., 2., 7., 8.],
        [ 6., 8., 3., 2.]])
>>> a1.shape
(3, 4)
>>> a1.ravel() #使原数组变成一维数组
array([ 7., 5., 9., 3., 7., 2., 7., 8., 6., 8., 3., 2.])
>>> a1.shape=(6, 2)
>>> a1.transpose()
array([[ 7., 9., 7., 7., 6., 3.],
        [ 5., 3., 2., 8., 8., 2.]])
>>> a1
array([[ 7., 5.],
        [ 9., 3.],
        [ 7., 2.],
        [ 7., 8.],
        [ 6., 8.],
        [ 3., 2.]])
>>> a1.resize(2,6)
>>> a1
array([[ 7., 5., 9., 3., 7., 2.],
        [ 7., 8., 6., 8., 3., 2.]])
```

沿不同轴将数组堆叠在一起：

```
>>> a2=floor(10*random.random((2,2)))
>>> a2
array([[ 1., 1.],
        [ 5., 8.]])
>>> b2=floor(10*random.random((2,2)))
>>> b2
array([[ 3.,3.],
```

```
            [ 6.,0.]])
>>> vstack((a2,b2))
array([[ 1.,1.],
        [ 5.,8.],
        [ 3.,3.],
        [ 6.,0.]])
>>> hstack((a2,b2))
array([[ 1.,1.,3.,3.],
        [ 5.,8.,6.,0.]])
```

对那些维度比二维更高的数组，hstack 沿着第二个轴组合，vstack 沿着第一个轴组合，concatenate 允许可选参数给出组合时沿着的轴。

3. min()和 max()函数

用 min()和 max()可以计算数组的最大值和最小值，而 ptp()计算最大值和最小值之间的差。它们都有 axis 和 out 两个参数。这些参数的用法和 sum()相同。

```
>>>np.min(a2)
1.0
>>>np.max(a2)
9.0
>>>np.ptp(a2)
8.0
```

4. argmax()和 argmin()函数

用 argmax()和 argmin()可以求最大值和最小值的下标。如果不指定 axis 参数，就返回平坦化之后的数组下标。例如：

```
>>> np.argmax(a)  #找到数组 a 中最大值的下标,有多个最值时得到第一个最值的下标
2
>>> a.ravel()[2]  #求平坦化之后的数组中的第二个元素
 9
```

可以通过 unravel_index()将一维下标转换为多维数组中的下标,它的第一个参数为一维下标值,第二个参数是多维数组的形状：

```
>>> idx=np.unravel_index(2, a.shape)
>>> idx
(0, 2)
>>> a[idx]
9
```

当使用 axis 参数时，可以沿着指定的轴计算最大值的下标。例如，下面的代码表示，在数组 a 中，第 0 行中最大值的下标为 2，第 1 行中最大值的下标为 3：

```
>>> idx=np.argmax(a, axis=1)
>>> idx
array([2, 3, 0, 0])
```

下面的语句使用 idx 选择出每行的最大值：

```
>>> a[xrange(a.shape[0]),idx]
array([9, 8, 9, 9])
```

5. sort()函数

数组的 sort()方法用于对数组进行排序，它将改变数组的内容。而 sort()函数则返回一个新数组，不改变原始数组。它们的 axis 参数默认值都为–1，即沿着数组的最后一个轴进行排序。sort()函数的 axis 参数可以设置为 None，此时它将得到平坦化之后进行排序的新数组。

```
>>> np.sort(a)  #对每行的数据进行排序
 array([[1, 3, 6, 7, 9],
        [1, 2, 3, 5, 8],
        [0, 4, 8, 9, 9],
        [0, 1, 5, 7, 9]])
>>> np.sort(a, axis=0)  #对每列的数据进行排序 array([[5,1,1, 4, 0],
        [7, 1, 3, 6, 0],
        [9, 5, 9, 7, 2],
        [9, 8, 9'8, 3]])
```

argsort()返回数组的排序下标，axis 参数的默认值为–1：

```
>>>idx=np.argsort(a)
>>> idx
array([[1, 4, 3, 0, 2],
        [1, 4, 2, 0, 3],
        [4, 3, 1, 0, 2],
        [4, 2, 1, 3, 0]])
```

6. median()函数

用 median()可以获得数组的中值，即对数组进行排序之后，位于数组中间位置的值。当长度是偶数时，得到正中间两个数的平均值。它也可以指定 axis 和 out 参数：

```
>>> np.median(a,axis=0)
array([ 8., 3., 6., 6.5, 1. ])
```

10.2 SciPy 简介

SciPy 是一个基于 Python 的数学、科学和工程开源库，是一个用于数值计算的工具箱，包括信号处理、优化计算、统计等。SciPy 在 NumPy 的基础上增加了众多的数学、科学以及工程计算中常用的模块，例如线性代数、常微分方程数值求解、信号处理、图像处理、稀疏矩阵等。

1. integrate 模块

SciPy 的 integrate 模块提供了几种数值积分算法，其中包括对常微分方程组（ODE）的数值积分。本节以计算球体体积和洛伦茨吸引子轨迹为例介绍 integrate 模块的用法。

数值积分是对定积分的数值求解，例如可以利用数值积分计算某个形状的面积。先考虑一下如何计算半径为 1 的半圆的面积。根据圆的面积公式，其面积应该等于 π/2。单位半圆的曲线方程为 $y=\sqrt{1-x^2}$，可以通过下面的 half_circle() 进行计算，用数值积分求圆的面积和球的体积。

```
def half_circle(x):
    return (1-x**2)**0.5
```

最简单的数值积分算法就是将要积分的面积分为许多小矩形，然后计算这些矩形的面积之和。下面使用这种方法，将 X 轴上 -1 到 1 的区间分为 10 000 等份，然后计算面积和：

```
>>>N=10000
>>>x=np.linspace(-1, 1, N)
>>> dx=x[1]-x[0]
>>>y=half_circle(x)
>>> 2*dx*np.sum(y)          # 面积的两倍 3.1415893269307378
```

也可以用 NumPy 的 trapz() 计算半圆上由各点构成的多边形的面积：

```
>>> np.trapz(y, x)*2        # 面积的两倍
3.1415893269316042
```

trapz() 计算的是以 (x,y) 为顶点坐标的折线与 X 轴所夹的面积。如果使用 SciPy 的 integrate 模块中的数值积分函数 quad()，将能得到非常精确的结果：

```
>>> from scipy import integrate
>>> pi_half, err =integrate.quad (half_circle,-1, 1)
>>> pi_half*2
3.1415926535897984
```

2. stats 模块

SciPy 的 stats 模块包含了多种概率分布的随机变量,随机变量分为连续的和离散的两种。所有的连续随机变量都是 rv_continuous 的派生类的对象，而所有的离散随机变量都是 rv_discrete 的派生类的对象。

可以使用下面的语句获得 stats 模块中所有的连续随机变量：

```
>>>from scipy import stats
>>> [k for k,v in stats.__dict__.items() if isinstance(v,stats.rv_continuous)]
['genhalflogistic','triang','rayleigh','betaprime',…]
```

连续随机变量对象有如下方法：

（1）rvs()：对随机变量进行随机取值，可以通过 size 参数指定输出的数组大小。

（2）pdf()：随机变量的概率密度函数。

（3）cdf()：随机变量的累积分布函数，它是概率密度函数的积分。

（4）sf()：随机变量的生存函数，它的值是 1–cdf(t)。

（5）ppf()：累积分布函数的反函数。

（6）stats()：计算随机变量的期望值和方差。

（7）fit()：对一组随机取样进行拟合，找出最适合取样数据的概率密度函数的系数。

下面以正态分布为例，简单介绍随机变量的用法。获得默认正态分布的随机变量的期望值和方差，默认情况下它是一个均值为 0、方差为 1 的随机变量：

```
>>> stats.norm.stats()
(array(0.0), array(1.0))
```

norm 可以像函数那样来调用，通过 loc 和 scale 参数可以指定随机变量的偏移和缩放参数。对于正态分布的随机变量来说，这两个参数相当于指定其期望值和标准差：

```
>>> X=stats.norm(loc=1.0,scale=2.0)
>>> X.stats()
(array(1.0), array(4.0)
```

下面调用随机变量 X 的 rvs() 方法，得到包含一万次随机取样值的数组 x。然后，调用 NumPy 的 mean() 和 var()，计算此数组的均值和方差，其结果符合随机变量 X 的特性：

```
>>> x=X.rvs(size=10000)      # 对随机变量取 10000 个值
>>> np.mean(x)               # 期望值
1.0181259658732724
>>> np.var(x)                # 方差
4.00188661646059
```

也可以使用 fit() 方法对随机取样序列 x 进行拟合，返回的是与随机取样值最匹配的随机变量的参数：

```
>>> stats.norm.fit(x)        #得到随机序列的期望值和标准差
array([ 1.01810091,2.00046946])
```

接下来比较随机变量 X 的概率密度函数和对数组 x 进行直方图统计的结果：

```
>>> t=np.arange(-10, 10, 0.01)
>>> pl.plot(t, X.pdf(t))     #绘制概率密度函数的理论值
 >>> p, t2=np.histogram(x, bins=100, normed=True)
>>> t2=(t2[:-1]+t2[1:])/2
>>> pl.plot(t2, p)           #绘制统计所得到的概率密度
```

其中，histogram() 对数组 x 进行直方图统计。histogram() 返回两个数组 p 和 t2，其中 p 表示各个区间取样值出现的频数。由于 normed 参数为 True，因此 p 的值是正规化之后的结果。t2

表示区间，由于其中包括区间起点和终点，因此 t2 的长度为 101。

3. optimize 模块

Scipy 的 optimize 模块提供了优化计算的功能。假设有一组实验数据（x_i, y_i），事先知道它们之间应该满足某函数关系 $y_i=f(x_i)$，通过这些已知信息，需要确定函数 f 的一些参数。例如，如果函数 f 是线性函数 $f(x)=kx+b$，那么参数 k 和 b 就是需要确定的值。

如果用 p 表示函数中需要确定的参数，那么目标就是找到一组 p，使得下面的函数 S 的值最小：

$$S(p) = \sum_{i=1}^{M} [y_i - f(x_i, p)]^2$$

这种算法被称为最小二乘拟合（least-square fitting）。在 optimize 模块中，可以使用 leastsq() 对数据进行最小二乘拟合计算。leastsq() 的用法很简单，只需要将计算误差的函数和待确定参数的初始值传递给它即可。下面是用 leastsq() 对线性函数进行拟合的程序。

```
import numpy as np
from scipy.optimize import leastsq
X=np.array([ 8.19, 2.72, 6.39, 8.71, 4.7 , 2.66, 3.78])
Y=np.array([ 7.01, 2.78, 6.47, 6.71, 4.1 , 4.23, 4.05])
def residuals(p):
    "计算以 p 为参数的直线和原始数据之间的误差"
    k, b=p
    return Y-(k*X+b)
# leastsq 使得 residuals() 的输出数组的平方和最小，参数的初始值为[1,0]
r=leastsq(residuals, [1, 0])
k, b=r[0]
print "k=",k, "b=",b
```

leastsq() 函数传入误差计算函数和初始值[1,0]，该初始值将作为误差计算函数的第一个参数传入；计算的结果 r 是一个包含两个元素的元组，第一个元素是一个数组，表示拟合后的参数 k、b；第二个元素如果等于 1、2、3、4 中的其中一个整数，则拟合成功，否则将会返回 mesg。residuals() 的参数 p 是拟合直线的参数，函数返回的是原始数据和拟合直线之间的误差。

10.3 Pandas 简介

Pandas 是一个开源的、BSD 许可的库，是一个为 Python 编程语言提供高性能，易于使用的数据结构和数据分析工具。NumPy 是数值计算的扩展包，而 Pandas 是做数据处理的扩展包。Pandas 是基于 NumPy 的一种工具，该工具是为了解决数据分析任务而创建的。Pandas 纳入了大量库和一些标准的数据模型，提供了高效地操作大型数据集所需的工具。以及快速便捷地处理数据的函数和方法。

```
>>>from pandas import Series, DataFrame
>>>import pandas as pd
```

其中，Series 和 DataFrame 是 Pandas 的两种数据结构。

10.3.1 Series

Series 是一种类似于一维数组的对象，它由一组数据（各种 NumPy 数据类型）以及一组与之相关的数据标签（即索引）组成。仅由一组数据即可产生最简单的 Series：

```
>>>obj=Series([4, 7, -5, 3])
>>>obj
0    4
1    7
2   -5
3    3
dtype: int64
```

Series 的字符串表现形式为：索引在左边，值在右边。由于没有为数据指定索引，于是会自动创建一个 0~N–1（N 为数据的长度）的整型索引。可以通过 Series 的 values 和 index 属性获取其数组表示形式和索引对象：

```
>>>obj.values
array([ 4,  7, -5,  3], dtype=int64)
>>>obj.index
Int64Index([0, 1, 2, 3], dtype='int64')
```

通常希望所创建的 Series 带有一个可以对各个数据点进行标记的索引：

```
>>>obj2=Series([4, 7,-5,3], index=['d','b','a','c'])
>>>obj2
d    4
b    7
a   -5
c    3
dtype: int64
>>> obj2.index
Index([u'd', u'b', u'a', u'c'], dtype='object')
```

与普通 NumPy 数组相比，可以通过索引的方式选取 Series 中的单个或一组值：

```
>>>obj2['a']
-5
>>>obj2['d']=6
>>>obj2[['c','a','d']]
```

```
c    3
a   -5
d    6
dtype: int64
```

NumPy 数组运算（如根据布尔型数组进行过滤、标量乘法、应用数学函数等）都会保留索引和值之间的链接：

```
>>>obj2
>>>obj2[obj2>0]
>>>obj2*2
>>>np.exp(obj2)
d     403.428793
b    1096.633158
a       0.006738
c      20.085537
dtype: float64
```

还可以将 Series 看成是一个定长的有序字典，因为它是索引值到数据值的一个映射。它可以用在许多原本需要字典参数的函数中：

```
>>>'b' in obj2
True
>>>'e' in obj2
False
```

如果数据被存放在一个 Python 字典中，也可以直接通过这个字典来创建 Series：

```
>>>sdata={'Ohio': 35000, 'Texas': 71000, 'Oregon': 16000, 'Utah': 5000}
>>>obj3=Series(sdata)
>>>obj3
Ohio        35000
Oregon      16000
Texas       71000
Utah         5000
dtype: int64
```

如果只传入一个字典，则结果 Series 中的索引就是原字典的键（有序排列）。

```
>>>states=['California', 'Ohio', 'Oregon', 'Texas']
>>>obj4=Series(sdata, index=states)
>>>obj4
California    NaN
Ohio        35000
Oregon      16000
Texas       71000
```

```
dtype: float64
```

在例子中，sdata 与 states 索引相匹配的那 3 个值会被找出来并放到相应的位置，但由于 California 所对应的 sdata 值找不到，所以其结果就为 NaN［即"非数字"(not a number)］。

在 Pandas 中使用 NaN 表示缺失（missing）或 NA 值。Pandas 的 isnull()和 notnull()函数可用于检测缺失数据：

```
>>>pd.isnull(obj4)              #Series 也有类似的实例方法：
California      True            #obj4.isnull()
Ohio           False
Oregon         False
Texas          False
dtype: bool
>>> pd.notnull(obj4)
California      False
Ohio           True
Oregon         True
Texas          True
dtype: bool
```

对于许多应用而言，Series 域重要的一个功能是：它在算术运算中会自动对齐不同索引的数据。

```
>>> obj3
>>> obj4
>>>obj3+obj4
California      NaN
Ohio           70000
Oregon         32000
Texas          142000
Utah           NaN
dtype: float64
```

Series 对象本身及其索引都有一个 name 属性，该属性同 Pandas 其他的关键功能关系非常密切：

```
>>> obj4.name='population'
>>>obj4.index.name='state'
>>>obj4
state
California      NaN
Ohio           35000
Oregon         16000
Texas          71000
```

```
Name: population, dtype: float64
```

Series 的索引可以通过赋值的方式进行修改：

```
>>>obj
0    4
1    7
2   -5
3    3
>>>obj.index=['Bob', 'Steve', 'Jeff', 'Ryan']
>>>obj
Bob      4
Steve    7
Jeff    -5
Ryan     3
dtype: int64
```

10.3.2　DataFrame

DataFrame 是一个表格型的数据结构，它含有一组有序的列，每列可以是不同的值类型（数值、字符串、布尔值等）。DataFrame 既有行索引也有列索引，它可以被看作由 Series 组成的字典（共用同一个索引）。与其他类似的数据结构相比（如 R 的 data.Frame），DataFrame 中面向行和面向列的操作基本上是平衡的。其实，DataFrame 中的数据是以一个或多个二维块存放的（而不是列表、字典或别的一维数据结构）。

构建 DataFrame 的办法有很多，最常用的一种是直接传入一个由等长列表或 NumPy 数组组成的字典：

```
>>>data={'state':['Ohio','Ohio','Ohio','Nevada','Nevada'],
    'year':[2000, 2001, 2002, 2001, 2002],
    'pop':[1.5, 1.7, 3.6, 2.4, 2.9]}
>>>frame=DataFrame(data)
>>>frame
```

结果 DataFrame 会自动加上索引（与 Series 一样），且全部列会被有序排列。

如果指定了列序列，则 DataFrame 的列就会按照指定顺序进行排列：

```
>>>DataFrame(data, columns=['year', 'state', 'pop'])
```

与 Series 一样，如果传入的列在数据中找不到，就会产生 NA 值：

```
>>> frame2=DataFrame(data, columns=['year', 'state', 'pop', 'debt'],
        index=['one', 'two', 'three', 'four', 'five'])
>>> frame2
>>> frame2.columns
Index([u'year', u'state', u'pop', u'debt'], dtype='object')
```

通过类似字典标记的方式或属性的方式，可以将 DataFrame 的列获取为一个 Series：

```
>>>frame2['state']
one          Ohio
two          Ohio
three        Ohio
four         Nevada
five         Nevada
Name: state, dtype: object
>>>frame2.year
one          2000
two          2001
three        2002
four         2001
five         2002
Name: year, dtype: int64
```

注意：返回的 Series 拥有原 DataFrame 相同的索引，且其 name 属性也已经被相应地设置好了。

行也可以通过位置或名称的方式进行获取，比如用索引字段 ix：

```
>>> frame2.ix['three']
year     2002
state    Ohio
pop      3.6
debt     NaN
Name: three, dtype: object
```

列可以通过赋值的方式进行修改。例如，可以给那个空的 debt 列赋上一个标量值或一组值：

```
>>>frame2['debt']=16.5
>>>frame2
>>>frame2['debt']=np.arange(5)
>>>frame2
```

将列表或数组赋值给某个列时，其长度必须跟 DataFrame 的长度相匹配。如果赋值的是一个 Series，就会精确匹配 DataFrame 的索引，所有的空位都将被填上缺失值：

```
>>> val=Series([-1.2, -1.5, -1.7], index=[ 'two', 'four', 'five'])
>>>frame2['debt']=val
>>>frame2
```

为不存在的列赋值会创建出一个新列。关键字 del 用于删除列：

```
>>>  frame2['eastern']=frame2.state=='Ohio'
>>>frame2
>>> del frame2['eastern']
```

```
>>>frame2.columns
Index([u'year', u'state', u'pop', u'debt'], dtype='object')
```

10.4 Matplotlib 简介

Matplotlib 是 Python 最著名的绘图库，它提供了一整套和 Matlab 相似的命令 API，十分适合交互式地进行制图。而且，也可以方便地将它作为绘图控件，嵌入 GUI 应用程序中。它的文档相当完备，并且 Gallery 页面中有上百幅缩略图，打开之后都有源程序。因此，如果需要绘制某种类型的图，只需要在这个页面中进行浏览/复制/粘贴，基本上都能搞定。

10.4.1 快速绘图

Matplotlib 的 pyplot 子库提供了和 Matlab 类似的绘图 API，方便用户快速绘制 2D 图表。Matplotlib 还提供了名为 pylab 的模块，其中包括许多 NumPy 和 pyplot 中常用的函数，方便用户快速进行计算和绘图。

Matplotlib 中的快速绘图函数库可以通过如下语句载入：

```
import matplotlib.pyplot as plt
```

可以调用 figure 创建一个绘图对象，并且使它成为当前的绘图对象。

```
plt.figure(figsize=(8,4))
```

通过 figsize 参数可以指定绘图对象的宽度和高度，单位为英寸；dpi 参数指定绘图对象的分辨率，即每英寸多少个像素，默认值为 80。因此，本例中所创建的图表窗口的宽度为 $8 \times 80 = 640$ 像素。

也可以不创建绘图对象直接调用接下来的 plot() 函数直接绘图，Matplotlib 会自动创建一个绘图对象。

如果需要同时绘制多幅图表，可以是给 figure 传递一个整数参数指定图表的序号。如果所指定序号的绘图对象已经存在，将不创建新的对象，而只是让它成为当前的绘图对象。

下面的两行程序通过调用 plot() 函数在当前的绘图对象中进行绘图：

```
plt.plot(x,y,label="$cos(x)$",color="red",linewidth=2)
plt.plot(x,z,"b.",label="$sin(x^2)$")
```

plot() 函数的调用方式很灵活，第一句将 x、y 数组传递给 plot 之后，用关键字参数指定各种属性：

（1）label：给所绘制的曲线一个名字，此名字在图示（legend）中显示。只要在字符串前后添加 "$" 符号，Matplotlib 就会使用其内嵌的 latex 引擎绘制的数学公式。

（2）color：指定曲线的颜色。

（3）linewidth：指定曲线的宽度。

第三个参数 "b." 指定曲线的颜色和线形。

下面通过一系列函数设置绘图对象的各个属性:

（1）xlabel / ylabel：设置 X 轴/Y 轴的文字。

（2）title：设置图表的标题。

（3）ylim：设置 Y 轴的范围。

（4）legend：显示图示。

最后调用 plt.show() 显示出创建的所有绘图对象。

完整示例代码:

```
import numpy as np
import matplotlib.pyplot as plt
plt.rcParams['font.sans-serif']=['FangSong']  # 指定默认字体
plt.rcParams['axes.unicode_minus']=False  # 解决保存图像是负号'-'显示为方块的问题
x=np.linspace(0, 10, 1000)
y=np.cos(x)
z=np.sin(x**2)
plt.figure(figsize=(8,4))
plt.plot(x,y,label="$cos(x)$",color="red",linewidth=2)
plt.plot(x,z,"b.",label="$sin(x^2)$")
plt.xlabel("Time(s)")
plt.ylabel("Volt")
plt.title("PyPlot 的第一个例子")
plt.ylim(-1.2,1.2)
plt.legend()
plt.show()
```

输出图像如图 10-1 所示。

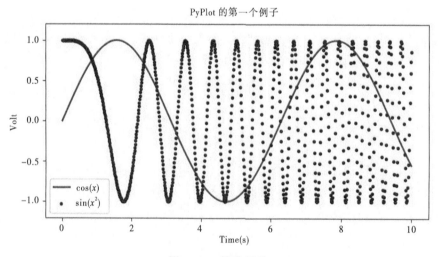

图 10-1 输出图像

还可以调用 plt.savefig()将当前的 figure 对象保存成图像文件，图像格式由图像文件的扩展名决定。下面的程序将当前的图表保存为 test.png，并且通过 dpi 参数指定图像的分辨率为 120，因此输出图像的宽度为 $8 \times 120 = 960$ 像素。

```
run matplotlib_simple_plot.py
plt.savefig("test.png",dpi=120)
```

实际上不需要调用 show()显示图表，可以直接用 savefig()将图表保存成图像文件。使用这种方法可以很容易编写出批量输出图表的程序。

10.4.2 绘制其他图形

1. 对数坐标图

前面介绍过如何使用 plot()绘制曲线图，所绘制图表的 X-Y 轴坐标都是算术坐标。下面看看如何在对数坐标系中绘图。绘制对数坐标图的函数有 3 个：semilogx()、semilogy()和 loglog()，它们分别绘制 X 轴为对数坐标、Y 轴为对数坐标以及两个轴都为对数坐标时的图表。

下面的程序使用 4 种不同的坐标系绘制低通滤波器的频率响应曲线，如图 10-2 所示。其中，左上图为 plot()绘制的算术坐标系，右上图为 semilogx()绘制的 X 轴对数坐标系，左下图为 semilogy()绘制的 Y 轴对数坐标系，右下图为 loglog()绘制的双对数坐标系。使用双对数坐标系表示的频率响应曲线通常被称为波特图。

```
import numpy as np
import matplotlib.pyplot as plt
w=np.linspace(0.1, 1000, 1000)
p=np.abs(1/(1+0.1j*w))
plt.subplot(221)
plt.plot(w, p, linewidth=2)
plt.ylim(0,1.5)
plt.subplot(222)
plt.semilogx(w, p, linewidth=2)
plt.ylim(0,1.5)
plt.subplot(223)
plt.semilogy(w, p, linewidth=2)
plt.ylim(0,1.5)
plt.subplot(224)
plt.loglog(w, p, linewidth=2)
plt.ylim(0,1.5)
plt.show()
```

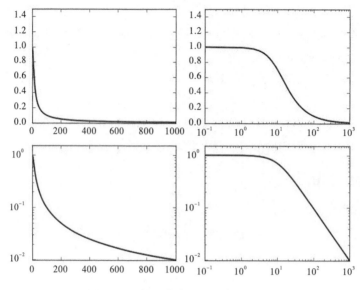

图 10-2　低通滤波器的频率响应曲线

2．散列图

使用 plot() 绘图时，如果指定样式参数为仅绘制数据点，那么所绘制的就是一幅散列图。例如：

```
>>>plt.plot(np.random.random(100), np.random.random(100), "o")
```

但是这种方法所绘制的点无法单独指定颜色和大小，而 scatter() 所绘制的散列图却可以指定每个点的颜色和大小。下面的程序演示 scatter() 的用法。

```
import numpy as np
import matplotlib.pyplot as plt
plt.figure(figsize=(8,4))
x=np.random.random(100)
y=np.random.random(100)
plt.scatter(x, y, s=x*1000, c=y, marker=(5, 1), alpha=0.8, lw=2, facecolors=
"none")
plt.xlim(0,1)
plt.ylim(0,1)
plt.show()
```

scatter() 的前两个参数是数组，分别指定每个点的 X 轴和 Y 轴的坐标。s 参数指定点的大小，值和点的面积成正比。它可以是一个数，指定所有点的大小；也可以是数组，分别对每个点指定大小。c 参数指定每个点的颜色，可以是数值或数组。这里使用一维数组为每个点指定了一个数值。通过颜色映射表，每个数值都会与一个颜色相对应。默认的颜色映射表中蓝色与最小值对应，红色与最大值对应。当 c 参数是形状为（N,3）或（N,4）的二维数组时，则直接表示每个点的 RGB 颜色。marker 参数设置点的形状，可以是表示形状的字符串，也可以是表示多边形的两个元素的元组，第一个元素表示多边形的边数，第二个元素表示多边形的样式，取值范围为 0、1、2、3。0 表示多边形，1 表示星形，2 表示放射形，3 表示忽略边数而显示为圆形。最后，通过 alpha 参数设置点的透明度，通过 lw 参数设置线宽。facecolors 参数为 none 时，表示散列点没有填充色。

10.5　Scikit-learn 简介

scikit-learn 是 Python 在机器学习方面一个非常强大的模块，它是在 NumPy、SciPy 和 Matplotlib 三个模块上编写的，是数据挖掘和数据分析的一个简单而有效的工具。在其官方网站上可以看到 Scikit-learn 有六大功能如图 10-3 所示。

图 10-3　Scikit-learn 的六大功能

下面的代码是使用 Scikit-learn 进行数据挖掘的简单例子：

```python
from sklearn import neighbors, datasets, preprocessing
from sklearn.model_selection import train_test_split
from sklearn.metrics import accuracy_score
iris=datasets.load_iris()
X, y=iris.data[:, :2], iris.target
X_train, X_test, y_train, y_test=train_test_split(X, y, random_state=33)
scaler=preprocessing.StandardScaler().fit(X_train)
X_train=scaler.transform(X_train)
X_test=scaler.transform(X_test)
knn=neighbors.KNeighborsClassifier(n_neighbors=5)
knn.fit(X_train, y_train)
y_pred=knn.predict(X_test)
accuracy_score(y_test, y_pred)
print(accuracy_score(y_test, y_pred))
```

一般来说，使用 Scikit-learn 进行数据挖掘的基本步骤包括：加载数据、数据分割、数据预处理、创建模型、模型拟合、预测、性能评价、模型调整。

1. 加载数据

数据可以是数值型的，也可以是 NumPy 数组、SciPy 稀疏矩阵。其他一些类型的数据（如 Pandas 的 DataFrame）如果可以转换成数值型数组，也是可以接收的。

```
import numpy as np
X=np.random.random((10,5))
y=np.array(['M','M','F','F','M','F','M','M','F','F','F'])
X[X<0.7]=0
```

2. 数据分割

在数据挖掘工作中，通常需要将原始数据集分成两份或者三份，即训练集、测试集、验证数据集。其中，训练集主要用来通过训练确定合适的模型或者参数，测试集主要用来检验结果的有效性和可靠性，验证数据集主要用来确定合适的模型参数。一般来说，数据集的分割采用随机划分的方法。

```
from sklearn.model_selection import train_test_split
X_train, X_test, y_train, y_test=train_test_split(X, y, random_state=0)
```

3. 数据预处理

Scikit-learn 中数据预处理的主要方式包括：标准化、正规化、二值化、缺失值处理。

（1）标准化：

```
>>> from sklearn.preprocessing import StandardScaler
>>> scaler=StandardScaler().fit(X_train)
>>> standardized_X=scaler.transform(X_train)
>>> standardized_X_test=scaler.transform(X_test)
```

（2）正规化：

```
>>> from sklearn.preprocessing import Normalizer
>>> scaler=Normalizer().fit(X_train)
>>> normalized_X=scaler.transform(X_train)
>>> normalized_X_test=scaler.transform(X_test)
```

（3）二值化：

```
>>> from sklearn.preprocessing import Binarizer
>>> binarizer=Binarizer(threshold=0.0).fit(X)
>>> binary_X=binarizer.transform(X)
```

（4）缺失值处理：

```
>>> from sklearn.preprocessing import Imputer
>>> imp=Imputer(missing_values=0, strategy='mean', axis=0)
>>> imp.fit_transform(X_train)
```

4．创建模型

Scikit-learn 提供了有监督的机器学习和无监督的机器学习方法。

（1）有监督的机器学习方法：

- 线性回归：

```
>>> from sklearn.linear_model import LinearRegression
>>> lr=LinearRegression(normalize=True)
```

- 支持向量机：

```
>>> from sklearn.svm import SVC
>>> svc=SVC(kernel='linear')
```

- 贝叶斯学习：

```
>>> from sklearn.naive_bayes import GaussianNB
>>> gnb=GaussianNB()
```

- KNN：

```
>>> from sklearn import neighbors
>>> knn=neighbors.KNeighborsClassifier(n_neighbors=5)
```

（2）无监督的机器学习方法：

- 主成分分析——Principal Component Analysis (PCA)：

```
>>> from sklearn.decomposition import PCA
>>> pca=PCA(n_components=0.95)
```

- K 均值：

```
>>> from sklearn.cluster import KMeans
>>> k_means=KMeans(n_clusters=3, random_state=0)
```

5．模型拟合

同创建模型一样，在模型拟合时，也包括了有监督和无监督两类方式。

（1）有监督的机器学习方法：

```
>>> lr.fit(X, y)
>>> knn.fit(X_train, y_train)
>>> svc.fit(X_train, y_train)
```

（2）无监督的机器学习方法：

```
>>> k_means.fit(X_train)
>>> pca_model=pca.fit_transform(X_train)
```

6．预测

（1）有监督的机器学习方法：

```
>>> y_pred=svc.predict(np.random.random((2,5)))     #预测所在的标签
>>> y_pred=lr.predict(X_test)                         #预测所在的标签
>>> y_pred=knn.predict_proba(X_test)                  #估计属于某个标签的概率
```

（2）无监督的机器学习方法：

```
>>> y_pred=k_means.predict(X_test)                    #预测所在的标签
```

7. 性能评价

用于性能评价的指标主要包括分类指标、回归指标、聚类指标和交叉验证。

（1）分类指标：

Accuracy Score

```
>>> knn.score(X_test, y_test)
>>> from sklearn.metrics import accuracy_score
>>> accuracy_score(y_test, y_pred)
```

Classification Report

```
>>> from sklearn.metrics import classification_report
                                      #Precision，recall 和 F1-score 等
>>> print(classification_report(y_test, y_pred))
```

Confusion Matrix

```
>>> from sklearn.metrics import confusion_matrix
>>> print(confusion_matrix(y_test, y_pred))
```

（2）回归指标：

Mean Absolute Error

```
>>> from sklearn.metrics import mean_absolute_error
>>> y_true=[3, -0.5, 2]
>>> mean_absolute_error(y_true, y_pred)
```

Mean Squared Error

```
>>> from sklearn.metrics import mean_squared_error
>>> mean_squared_error(y_test, y_pred)
```

R^2 Score

```
>>> from sklearn.metrics import r2_score
>>> r2_score(y_true, y_pred)
```

（3）聚类指标：

Adjusted Rand Index

```
>>> from sklearn.metrics import adjusted_rand_score
>>> adjusted_rand_score(y_true, y_pred)
```

Homogeneity

```
>>> from sklearn.metrics import homogeneity_score
>>> homogeneity_score(y_true, y_pred)
```

V-measure

```
>>> from sklearn.metrics import v_measure_score
>>> metrics.v_measure_score(y_true, y_pred)
```

（4）交叉验证：

```
>>> from sklearn.cross_validation import cross_val_score
```

```
>>> print(cross_val_score(knn, X_train, y_train, cv=4))
>>> print(cross_val_score(lr, X, y, cv=2))
```

8. 模型调整

用于模型调整的主要包括网格搜索和随机参数优化。

（1）网格搜索：

```
>>> from sklearn.grid_search import GridSearchCV
>>> params={"n_neighbors": np.arange(1,3),
"metric": ["euclidean", "cityblock"]}
>>> grid=GridSearchCV(estimator=knn,
param_grid=params)
>>> grid.fit(X_train, y_train)
>>> print(grid.best_score_)
>>> print(grid.best_estimator_.n_neighbors)
```

（2）随机参数优化：

```
>>> from sklearn.grid_search import RandomizedSearchCV
>>> params={"n_neighbors": range(1,5),
"weights": ["uniform", "distance"]}
>>> rsearch=RandomizedSearchCV(estimator=knn,
param_distributions=params, cv=4,
n_iter=8,
random_state=5)
>>> rsearch.fit(X_train, y_train)
>>> print(rsearch.best_score_)
```

小　　结

本章主要介绍了几种 Python 的第三方模块/库，简要介绍了 Numpy、Scipy、Pandas、Matplotlib、Scikit-learn 等模块的主要功能和使用方法。

习　　题

一、简答题

1. 简述 Numpy 和 Pandas 的区别及二者的应用场景。

2. 简述 Matplotlib 的绘图功能。

3. 使用 scikit-learn 执行机器学习任务的一般步骤是什么？

二、上机操作题

1. 随机生成一个数据，使用 Z-Score 标准化算法对数据进行标准化处理。

2. 使用 Numpy 将本校的校徽 LOGO 转换为 Ndarray 数组。

1. os 模块

os.remove()：删除文件。

os.unlink()：删除文件。

os.rename()：重命名文件。

os.listdir()：列出指定目录下所有文件。

os.chdir()：改变当前工作目录。

os.getcwd()：获取当前文件路径。

os.mkdir()：新建目录。

os.rmdir()：删除空目录(删除非空目录，使用 shutil.rmtree())。

os.makedirs()：创建多级目录。

os.removedirs()：删除多级目录。

os.stat(file)：获取文件属性。

os.chmod(file)：修改文件权限。

os.utime(file)：修改文件时间戳。

os.name(file)：获取操作系统标识。

os.system()：执行操作系统命令。

os.execvp()：启动一个新进程。

os.fork()：获取父进程 ID，在子进程返回中返回 0。

os.execvp()：执行外部程序脚本（UINX）。

os.spawn()：执行外部程序脚本（Windows）。

os.access(path, mode)：判断文件权限（详细参考 cnblogs）。

os.wait()：暂时未知。

2. os.path 模块

os.path.split(filename)：将文件路径和文件名分割（会将最后一个目录作为文件名而分离）。

os.path.splitext(filename)：将文件路径和文件扩展名分割成一个元组。

os.path.dirname(filename)：返回文件路径的目录部分。

os.path.basename(filename)：返回文件路径的文件名部分。

os.path.join(dirname,basename)：将文件路径和文件名凑成完整文件路径。

os.path.abspath(name)：获得绝对路径。

os.path.splitunc(path)：把路径分割为挂载点和文件名。

os.path.normpath(path)：规范 path 字符串形式。

os.path.exists()：判断文件或目录是否存在。

os.path.isabs()：如果 path 是绝对路径，返回 True。

os.path.realpath(path)：返回 path 的真实路径。

os.path.relpath(path[, start])：从 start 开始计算相对路径。

os.path.normcase(path)：转换 path 的大小写和斜杠。

os.path.isdir()：判断 name 是不是一个目录，name 不是目录就返回 false。

os.path.isfile()：判断 name 是不是一个文件，不存在返回 false。

os.path.islink()：判断文件是否连接文件，返回 boolean。

os.path.ismount()：指定路径是否存在且为一个挂载点，返回 boolean。

os.path.samefile()：是否相同路径的文件，返回 boolean。

os.path.getatime()：返回最近访问时间（浮点型）。

os.path.getmtime()：返回上一次修改时间（浮点型）。

os.path.getctime()：返回文件创建时间（浮点型）。

os.path.getsize()：返回文件大小（字节单位）。

os.path.commonprefix(list)：返回 list（多个路径）中，所有 path 共有的最长的路径。

os.path.lexists：路径存在则返回 True，路径损坏也返回 True。

os.path.expanduser(path)：把 path 中包含的 "～" 和 "～user" 转换成用户目录。

os.path.expandvars(path)：根据环境变量的值替换 path 中包含的$name 和${name}。

os.path.sameopenfile(fp1, fp2)：判断 fp1 和 fp2 是否指向同一文件。

os.path.samestat(stat1, stat2)：判断 stat1 和 stat2 是否指向同一个文件。

os.path.splitdrive(path)：一般用在 Windows 下，返回驱动器名和路径组成的元组。

os.path.walk(path, visit, arg)：遍历 path，给每个 path 执行一个函数。

os.path.supports_unicode_filenames()：设置是否支持 unicode 路径名。

3．stat 模块

描述 os.stat()：返回的文件属性列表中各值的意义：

fileStats = os.stat(path)：获取到的文件属性列表。

fileStats[stat.ST_MODE]：获取文件的模式。

fileStats[stat.ST_SIZE]：文件大小。

fileStats[stat.ST_MTIME]：文件最后修改时间。

fileStats[stat.ST_ATIME]：文件最后访问时间。

fileStats[stat.ST_CTIME]：文件创建时间。

stat.S_ISDIR(fileStats[stat.ST_MODE])：是否目录。

stat.S_ISREG(fileStats[stat.ST_MODE])：是否一般文件。

stat.S_ISLNK(fileStats[stat.ST_MODE])：是否连接文件。

stat.S_ISSOCK(fileStats[stat.ST_MODE])：是否 COCK 文件。

stat.S_ISFIFO(fileStats[stat.ST_MODE])：是否命名管道。

stat.S_ISBLK(fileStats[stat.ST_MODE])：是否块设备。

stat.S_ISCHR(fileStats[stat.ST_MODE])：是否字符设置。

4．sys 模块

sys.argv：命令行参数 List，第一个元素是程序本身路径。

sys.path：返回模块的搜索路径，初始化时使用 PYTHONPATH 环境变量的值。

sys.modules.keys()：返回所有已经导入的模块列表。

sys.modules：返回系统导入的模块字段，key 是模块名，value 是模块。

sys.exc_info()：获取当前正在处理的异常类，exc_type、exc_value、exc_traceback 当前处理的异常详细信息。

sys.exit(n)：退出程序，正常退出时 exit(0)。

sys.hexversion：获取 Python 解释程序的版本值，十六进制格式，如 0x020403F0。

sys.version：获取 Python 解释程序的版本信息。

sys.platform：返回操作系统平台名称。

sys.stdout：标准输出。

sys.stdout.write('aaa')：标准输出内容。

sys.stdout.writelines()：无换行输出。

sys.stdin：标准输入。

sys.stdin.read()：输入一行。

sys.stderr：错误输出。

sys.exc_clear()：用来清除当前线程所出现的当前的或最近的错误信息。

sys.exec_prefix：返回平台独立的 Python 文件安装的位置。

sys.byteorder：本地字节规则的指示器，big-endian 平台的值是 big，little-endian 平台的值是 little。

sys.copyright：记录 Python 版权相关的信息。

sys.api_version：解释器的 C 的 API 版本。

sys.version_info：final 表示最终，也有 candidate 表示候选，表示版本级别，是否有后继的发行。

sys.getdefaultencoding()：返回当前所用的默认的字符编码格式。

sys.getfilesystemencoding()：返回将 Unicode 文件名转换成系统文件名的编码的名字。

sys.builtin_module_names：Python 解释器导入的内建模块列表。

sys.executable：Python 解释程序路径。

sys.getwindowsversion()：获取 Windows 的版本。

sys.stdin.readline()：从标准输入读一行，sys.stdout.write("a")屏幕输出 a。

sys.setdefaultencoding(name)：用来设置当前默认的字符编码（详细使用参考文档）。

sys.displayhook(value)：如果 value 非空，这个函数会把它输出到 sys.stdout（详细使用参考文档）。

5. datetime、date、time 模块

datetime.date.today()：本地日期对象，[用 str()函数可得到它的字面表示(2014-03-24)]。

datetime.date.isoformat(obj)：当前[年-月-日]字符串表示（2014-03-24）。

datetime.date.fromtimestamp()：返回一个日期对象，参数是时间戳，返回（年-月-日）。

datetime.date.weekday(obj)：返回一个日期对象的星期数，周一是 0。

datetime.date.isoweekday(obj)：返回一个日期对象的星期数，周一是 1。

datetime.date.isocalendar(obj)：把日期对象返回一个带有年月日的元组。

6. datetime 对象

datetime.datetime.today()：返回一个包含本地时间（含微秒数）的 datetime 对象 2014-03-24 23:31:50.419000。

datetime.datetime.now([tz])：返回指定时区的 datetime 对象，如 2014-03-24 23:31:50.419000

datetime.datetime.utcnow()：返回一个零时区的 datetime 对象。

datetime.fromtimestamp(timestamp[,tz])：按时间戳返回一个 datetime 对象，可指定时区,可用于 strftime 转换为日期表示。

datetime.utcfromtimestamp(timestamp)：按时间戳返回一个 UTC-datetime 对象。

datetime.datetime.strptime('2014-03-16 12:21:21',"%Y-%m-%d %H:%M:%S")：将字符串转为 datetime 对象。

datetime.datetime.strftime(datetime.datetime.now(), '%Y%m%d %H%M%S')：将 datetime 对象转换为 str 表示形式。

datetime.date.today().timetuple()：转换为时间戳 datetime 元组对象，可用于转换时间戳。

time.mktime(timetupleobj)：将 datetime 元组对象转为时间戳。

time.time()：当前时间戳。

7．hashlib,md5 模块

hashlib.md5('md5_str').hexdigest()：对指定字符串 md5 加密。

md5.md5('md5_str').hexdigest()对指定字符串 md5 加密。

8．random 模块

random.random()：产生 0～1 的随机浮点数。

random.uniform(a, b)：产生指定范围内的随机浮点数。

random.randint(a, b)：产生指定范围内的随机整数。

random.randrange([start], stop[, step])：从一个指定步长的集合中产生随机数。

random.choice(sequence)：从序列中产生一个随机数。

random.shuffle(x[, random])：将一个列表中的元素打乱。

random.sample(sequence, k)：从序列中随机获取指定长度的片断。

9．types 模块

该模块定义了 Python 中所有的数据类型的名称，包括 NoneType,、TypeType、IntType、FloatTyp、BooleanType、BufferType,、BuiltinFunctionType、BuiltinMethodType、ClassType、CodeType、ComplexType、DictProxyType,、DictType、DictionaryType 等。

10．MySQLdb 模块

MySQLdb.get_client_info()：获取 API 版本。

MySQLdb.Binary('string')：转为二进制数据形式。

MySQLdb.escape_string('str')：针对 MySQL 的字符转义函数。

MySQLdb.DateFromTicks(1395842548)：把时间戳转为 datetime.date 对象实例。

MySQLdb.TimestampFromTicks(1395842548)：把时间戳转为 datetime.datetime 对象实例。

MySQLdb.string_literal('str')：字符转义。

11．atexit 模块

atexit.register(fun,args,args2..)：注册函数 func()，在解析器退出前调用该函数。

12．string 模块

str.capitalize()：把字符串的第一个字符大写。

str.center(width)：返回一个原字符串居中，并使用空格填充到 width 长度的新字符串。

str.ljust(width)：返回一个原字符串左对齐，用空格填充到指定长度的新字符串。

str.rjust(width)：返回一个原字符串右对齐，用空格填充到指定长度的新字符串。

str.zfill(width)：返回字符串右对齐，前面用 0 填充到指定长度的新字符串。

str.count(str,[beg,len])：返回子字符串在原字符串出现的次数，beg、len 是范围。

str.decode(encodeing[,replace])：解码 string，出错引发 ValueError 异常。

str.encode(encodeing[,replace])：解码 string。

str.endswith(substr[,beg,end])：字符串是否以 substr 结束，beg、end 是范围。

str.startswith(substr[,beg,end])：字符串是否以 substr 开头，beg、end 是范围。

str.expandtabs(tabsize = 8)：把字符串的 tab 转为空格，默认为 8 个。

str.find(str,[stat,end])：查找子字符串在字符串第一次出现的位置，否则返回−1。

str.index(str,[beg,end])：查找子字符串在指定字符中的位置，不存在报异常。

str.isalnum()：检查字符串是否以字母和数字组成，是返回 true，否则返回 false。

str.isalpha()：检查字符串是否以纯字母组成，是返回 true，否则返回 false。

str.isdecimal()：检查字符串是否以纯十进制数字组成，返回布尔值。

str.isdigit()：检查字符串是否以纯数字组成，返回布尔值。

str.islower()：检查字符串是否全是小写，返回布尔值。

str.isupper()：检查字符串是否全是大写，返回布尔值。

str.isnumeric()：检查字符串是否只包含数字字符，返回布尔值。

str.isspace()：如果 str 中只包含空格，则返回 true，否则返回 false。

str.title()：返回标题化的字符串（所有单词首字母大写，其余小写）。

str.istitle()：如果字符串是标题化的［参见 title()］则返回 true，否则返回 false。

str.join(seq)：以 str 作为连接符，将一个序列中的元素连接成字符串。

str.split(str='',num)：以 str 作为分隔符，将一个字符串分隔成一个序列，num 是被分隔的字符串。

str.splitlines(num)：以行分隔，返回各行内容作为元素的列表。

str.lower()：将大写转换为小写。

str.upper()：转换字符串的小写为大写。

str.swapcase()：翻换字符串的大小写。

str.lstrip()：去掉字符左边的空格和回车换行符。

str.rstrip()：去掉字符右边的空格和回车换行符。

str.strip()：去掉字符两边的空格和回车换行符。

str.partition(substr)：从 substr 出现的第一个位置起，将 str 分割成一个 3 元组。

str.replace(str1,str2,num)：查找 str1 替换成 str2，num 是替换次数。

str.rfind(str[,beg,end])：从右边开始查询子字符串。

str.rindex(str,[beg,end])：从右边开始查找子字符串的位置。

str.rpartition(str)：类似 partition()函数，但从右边开始查找。

str.translate(str,del='')：按 str 给出的表转换 string 的字符，del 是要过虑的字符。

13. urllib 模块

urllib.quote(string[,safe])：对字符串进行编码。参数 safe 指定了不需要编码的字符。

urllib.unquote(string)：对字符串进行解码。

urllib.quote_plus(string[,safe])：与 urllib.quote 类似，但这个方法用'+'来替换' '，而 quote 用 '%20'来代替' '。

urllib.unquote_plus(string)：对字符串进行解码。

urllib.urlencode(query[,doseq])：将 dict 或者包含两个元素的元组列表转换成 url 参数。

urllib.pathname2url(path)：将本地路径转换成 url 路径。

urllib.url2pathname(path)：将 url 路径转换成本地路径。

urllib.urlretrieve(url[,filename[,reporthook[,data]]])：下载远程数据到本地。

filename：指定保存到本地的路径（若未指定该，urllib 生成一个临时文件保存数据）。

reporthook：回调函数，当连接上服务器以及相应的数据块传输完毕时会触发该回调。

data：指 post 到服务器的数据。

rulrs = urllib.urlopen(url[,data[,proxies]])：抓取网页信息，[data]post 数据到 url，proxies 指设置的代理。

urlrs.readline()：跟文件对象使用一样。

urlrs.readlines()：跟文件对象使用一样。

urlrs.fileno()：跟文件对象使用一样。

urlrs.close()：跟文件对象使用一样。

urlrs.info()：返回一个 httplib.HTTPMessage 对象，表示远程服务器返回的头信息。

urlrs.getcode()：获取请求返回状态 HTTP 状态码。

urlrs.geturl()：返回请求的 URL。

14. urlparse 模块

urlparse 模块主要是把 url 拆分为多个部分，并返回元组，并且可以把拆分后的部分再组成一个 url，主要包括 urljoin()、urlsplit()、urlunsplit()、urlparse()等函数。

15. re 模块

该模块是正则表达式模块。正则表达式（或 RE）是一种小型的、高度专业化的编程语言，（在 Python 中）它内嵌在 Python 中，并通过 re 模块实现。正则表达式模式通常被编译成一系列的字节码，然后由用 C 编写的匹配引擎执行。

16．math,cmath 模块

数学运算\复数运算函数。

17．operator 模块

operator 模块是 Python 中内置的操作符函数接口，它定义了一些算术和比较内置操作的函数。operator 模块是用 C 语言实现的，所以执行速度比 Python 代码快。

18．copy 模块

copy.copy(a)：复制对象。

copy.deepcopy(a)：复制集合。

19．fileinput 模块

该模块为处理文件内容模块。fileinput 模块可以对一个或多个文件中的内容进行迭代、遍历等操作。该模块的 input()函数有点类似文件 readlines()方法，区别在于:前者是一个迭代对象，即每次只生成一行，需要用 for 循环迭代。后者是一次性读取所有行。在遇到大文件的读取时，前者无疑效率更高效。用 fileinput 对文件进行循环遍历，格式化输出，查找、替换等操作，非常方便。

20．shutil 模块

该模块提供了大量的文件的高级操作，特别针对文件复制和删除，主要功能为目录和文件操作以及压缩操作。

附录 B Python 内置函数

abs()	divmod()	input()	open()
all()	enumerate()	int()	pow()
any()	eval()	isinstance()	print()
basestring()	execfile()	issubclass()	property()
bin()	file()	iter()	range()
bool()	filter()	len()	reduce()
bytearray()	float()	list()	reload()
callable()	format()	locals()	repr()
chr()	frozenset()	long()	reversed()
classmethod()	getattr()	map()	round()
cmp()	globals()	max()	set()
compile()	hasattr()	memoryview()	setattr()
complex()	hash()	min()	slice()
delattr()	help()	next()	sorted()
dict()	hex()	object()	staticmethod()
dir()	id()	oct()	type()
sum()	super()	tuple()	vars()
str()	unichr()	unicode()	exec 内置表达式
zip()	__import__()	ord()	

参 考 文 献

[1] 李佳宇. 零基础入门学习 Python[M]. 北京：清华大学出版社，2016.

[2] 董付国. Python 程序设计[M]. 2 版. 北京：清华大学出版社，2018.

[3] 杨长兴. Python 程序设计教程[M]. 北京：中国铁道出版社，2016.

[4] 李金. 自学 Python：编程基础、科学计算及数据分析[M]. 北京：机械工业出版社，2018.

[5] CHUN W，Python 核心编程[M]. 3 版. 孙波翔，李斌，李晗，译. 北京：人民邮电出版社，
     2016.